别为小事
折磨自己

陈廷 / 编著

让小事折磨自己，
要让那些细节摧毁自己。

图书在版编目（CIP）数据

别为小事折磨自己/陈廷编著. —北京：中国华侨出版社，2012.5
ISBN 978-7-5113-1906-7

Ⅰ.①别… Ⅱ.①陈… Ⅲ.①人生哲学-通俗读物
Ⅳ.①B821-49

中国版本图书馆CIP数据核字（2012）第066647号

● 别为小事折磨自己

编　　著/陈　廷
责任编辑/赵姣娇
经　　销/新华书店
开　　本/710×1000 毫米　1/16　印张 15　字数 200 千字
印　　数/5001-10000
印　　刷/北京一鑫印务有限责任公司
版　　次/2013年5月第2版　2018年3月第2次印刷
书　　号/ISBN 978-7-5113-1906-7
定　　价/29.80元

中国华侨出版社　北京市朝阳区静安里26号通成达大厦3层　邮编100028
法律顾问：陈鹰律师事务所
编辑部：(010) 64443056　　64443979
发行部：(010) 64443051　　传真：64439708
网　址：www.oveaschin.com
e-mail：oveaschin@sina.com

前言

人生在世，总会被一些大大小小的事情所牵绊，也总有一些小事左右着我们的情绪，影响着我们的人生，并且折磨着我们的灵魂。可是面对那些人生中的小事，面对生活路上的那些牵绊，我们应该怎么样去面对，怎么样去处理呢？

我们都知道，每个人都有自己的性格特点，也有自己的情绪，但很多时候我们都会被自己的情绪所左右，也会因为自己的情绪而自我折磨。所以在生活中，我们要学会去掌握自己的情绪，做情绪的主人，千万不能让情绪牵着鼻子走，我们要懂得不断地为自己的心灵洗澡，走出自我折磨的误区，从而拂去自己心灵的尘埃。当然很多时候，生活也会被那些琐碎所缠绕，这时候我们也要学会适当地放弃，放开那些执念，用心去呼吸新鲜的空气，从而不让自己陷入那些小事的谜团中，不能自拔。但对于某些小事和细节却又不能忽视。卡耐基曾说过，一个不注意小事情的人，永远不会成就大事业。确实如此，在我们的人生中特别是在事业中，有时候有些机遇有些成功，往往就蕴含在那些小事中，隐藏在那些细节里。我们也不能忽略职场中的那些小事，也不要做工作中的"马大哈"，更不要让那些小事成为阻碍自己迈向成功的绊脚石，而是要在那些细节那些小事中给自己创造一个广阔的舞台，也要在那些细节与小事中抓住机遇的尾巴，然后勇敢地走向成功，掌握自己的命运。

人这一生，不管怎样，都要经历亲情、友情、爱情的洗礼，当然也会步入婚姻的殿堂。但是在这些人类最美好的感情中我们也会找到那些小事的踪影，也会理解到关注细节的重要性。所以，在感情生活中，不要去忽视那些细节，也不要去疏忽那些小事给我们的感情造成的影响力。在亲情中，我们要谨小慎微，用爱来守护亲情中的那份温暖；在友情中，我们要注重细节，用自己真挚与真心去珍惜那千金难买的友情，去感受那瞬间的感动；在爱情中，我们要小心呵护，懂得在细节中传递彼此的爱意；在婚姻中，我们也需要悉心栽培自己的感情，让婚姻成为我们最幸福的源泉，也让婚姻成为我们爱情的最美好的归宿。

不要去忽视那些小事，也不要去疏忽那些细节，不要让小事折磨自己，也不要让那些细节摧毁自己。《不要让小事折磨自己》这本书主要是让我们识别人生中的那些小事，教导我们不要让那些无关紧要的小事干扰我们的生活，左右自己的情绪；也告诫我们不要忽视职场中的那些小事，那些细节，从而错失机遇，与成功擦肩而过；当然也教会我们如何在感情中应用那些细节，来让我们的感情更加的稳固，让我们的生活更加的幸福，日子过得更加美满。

不要让那些小事折磨自己，也不要因为那些小事错失机遇，更不要因为那些小事而毁掉自己的幸福，让我们关注那些小事，把握那些小事，并且让小事成为我们人生中最得力的助手，相信幸福的生活就在不远处。

卷一：轻松心态——拂去灵魂的尘埃

第一章　做情绪的主人，走出自我折磨的误区

　　生活像是一首绵延悠长的曲调，情绪就如跳跃在旋律上的音符，高高低低，或喜或悲，一个个音符组成了高昂、热烈、低沉、悲伤的曲子。而现今社会的节奏越来越快，人们压力也越来越大，也许这一刻你兴高采烈，或许下一刻你就悲愤异常。这些不期而遇的情绪，主导着我们的生活。为了让我们的心灵不要负担太重，也为了让我们的人生不在懊恼与悲伤中逝去，所以绝不能让情绪牵着鼻子走，而是应该学会控制它，并不断地去为心灵洗澡，从而走出自我折磨的误区，拂去心灵的尘埃。

1. 生气其实是一种自我惩罚 / 2
2. 从容的人生云淡风轻 / 5
3. 沟通可以让生活如蜜 / 8
4. 将流言飞语当作一场戏 / 11
5. 生活中也可以学学"斗转星移" / 14
6. 拒绝成为情绪的奴隶 / 17

7. 自怨自艾是在折磨自己 / 20

8. 微笑是化解小事最大的杀手锏 / 23

9. 学会调整自己的情绪 / 26

10. 在琐碎中修炼自己的灵魂 / 29

第二章　放开执著,用心灵呼吸新鲜空气

　　生活有时候需要执著,当然也有时候需要放弃。当我们走到山穷水尽的路途上的时候,我们需要转过去寻找另一条路,而不是死死地盯着那条路;当我们被生活的琐碎缠绕得无力反抗的时候,我们应该试着去放开一些东西,而不是紧紧地抓住生命中的每一样东西,而让自己的心灵负重太多。生活有时候需要清扫一下垃圾,而心灵有时候也需要呼吸一下新鲜的空气。因为我们的生命只有在自由的空间里,在干净的空气中才能畅快淋漓。

1. 人生需要一种豁达 / 33

2. 不要被小事纠缠 / 35

3. 忍让,让你的路越走越宽 / 38

4. 用宽容去面对讽刺与讥笑 / 41

5. 压力一除,折磨全无 / 44

6. 不要时刻要求自己做圣人 / 47

7. 错误,是让人成长的动力 / 50

8. 幸福往往就在不起眼的地方 / 52

9. 不要陷入攀比的泥潭 / 55

卷二：细致职场——在黑暗中点亮一盏明灯

第一章　眼疾手快，在小事中抓住机遇的尾巴

　　卡耐基说："一个不注意小事情的人，永远不会成就大事业。"确实如此，在我们的人生中，特别是在事业中，有时候有些机遇有些成功，往往就蕴含在那些小事中，隐藏在那些细节里。所以不要忽略职场中的那些小事，也不要做工作中的"马大哈"，更不要让那些小事成为阻碍自己迈向成功的绊脚石，而是要在那些细节那些小事中给自己创造一个广阔的舞台，也要在那些细节与小事中抓住机遇的尾巴，然后勇敢地走向成功。

1. 为自己创造一个舞台／60
2. 避免陷入眼高手低的泥淖／62
3. 不做工作中的"马大哈"／65
4. 谦虚让你在职场中如鱼得水／68
5. 一生至少找到一种兴趣／70
6. 让每一分流逝的时光都有可寻的影子／73
7. 在细微中感悟真诚／76
8. 一个倒茶水的老头／79
9. 命运就掌握在自己手里／81
10. 有时候机遇就在"一瞬间"／84

第二章 成功职场,掌握自己的命运之舟

人的一生,总会有适合自己的种子,关键就在于我们如何去寻找。职场也一样,每个人都有适合他自己的位子,如果我们找准了那个位子,然后用自己的努力与勤奋、恒心与耐心、机智与勇敢、镇定与谨慎去经营,那么,总有一天我们会看到为我们翘起大拇指的职场,也会迎接到属于自己的成功的朝阳,我们也会掌握住我们的命运之舟,真正驾驭自己的人生。

1. 在心里种植属于自己的春天 / 88
2. 在细微中思考致富 / 91
3. 一切存在都有理由 / 94
4. 机会一直都在我们身边 / 96
5. 我比你成功,因为我比你快一步 / 99
6. 去留随意,宠辱不惊 / 102
7. 不是主角,就做最优秀的配角 / 105
8. 妥善处理与老板之间的关系 / 108

卷三：亲友真情——微小处找到彼此的归属

第一章　谨小慎微，亲情的温暖需要呵护

有人说亲情就像是天空中的那一轮暖日，总不会离我们太远，也不会真正消失，最多也只是偶尔被乌云遮住。可是我们不知道，其实亲情也需要我们小心谨慎地呵护，就像是天空中的那轮暖日一样，即使它不会消失，但也会黯淡。所以亲情也一样，需要我们的理解与守护，需要我们在彼此的关怀以及爱中，让亲情的阳光洒满我们人生的每个角落。

1. 用爱带来一个春天 / 112
2. 用理解消弭隔代的鸿沟 / 115
3. 时时不忘慈母手中线 / 118
4. 避免"子欲养而亲不待"的遗憾 / 120
5. 亲情是我们最大的财富 / 122
6. 亲情，让我们不再孤单 / 125
7. 做一个感知亲情的有心人 / 127
8. 父母的唠叨其实是一种别样的关怀 / 130
9. 陪自己的父母逛一次街 / 133
10. 找寻亲情和睦的纽带 / 136

第二章　千金难买,友情的真谛只有在细微处知晓

"千金难买是朋友",朋友是一种茫茫人海中相遇的缘分,需要我们珍惜;朋友也是互相认可、互相仰慕以及互相感知的一个过程,需要我们的理解与支持;朋友亦是彼此心照不宣、心有灵犀的一种默契,有时一个眼神、一个动作,就可以演绎最真诚的感动。让我们把握好朋友之间的界限,对朋友的支持与帮助心存感恩,用一颗真挚的心去经营,在那些细微处领会友情的真谛。

1. 每一个朋友都曾是陌生人 / 140
2. 一个微笑的交情 / 143
3. 相互理解是友情的基础 / 146
4. 友谊最好的演绎就在那一瞬间的感动上 / 149
5. 记得对朋友说"谢谢" / 152
6. 把握好友情的"度" / 155
7. 信任是朋友之间最好的承诺 / 157
8. 两个人的戏才不会无趣 / 160
9. 不要让沉默"冷冻"我们的友情 / 162
10. 挚友犹如一面镜子 / 165

卷四：呵护爱情——细节中传递彼此的爱

第一章　你侬我侬，爱情是丝丝缕缕积聚而成的

有人说，爱情是生命中的盐，没有它我们的生活就食之无味；也有人说，爱情是生命中的蜜，没有它我们的生活中就没有香甜。

爱情是理解，是包容，是一句关怀的话语，是一个无声的拥抱，是丝丝缕缕积累起来的情感，也是在密密麻麻的平凡日子里面的真心守候。呵护爱情吧！为了我们美好的生活，为了有味道的生命，不要忘了在细节中传递彼此的爱恋。

1. 爱情就好像是一种追求 / 170
2. 爱情有时候就像是机遇 / 173
3. 一个拥抱中孕育的爱情 / 176
4. 山盟海誓不如一个感动的瞬间 / 179
5. 不要让爱你的人在等待中哭泣 / 182
6. 爱情有时候需要坚持 / 185
7. 不要让爱情在平地上跌跤 / 187
8. 不让抱怨成为爱情的刽子手 / 190
9. 情侣之间要懂得沟通 / 193
10. 一水之隔，可以让爱情更美 / 196

第二章　悉心栽培，婚姻可以让爱情更绚烂

有人说婚姻是爱情的坟墓，再美好的爱情也能被婚姻埋葬；也有的人说婚姻是爱情的天堂，只有进入婚姻殿堂的爱情才能保持长久，时刻散发芬芳。但婚姻对于爱情究竟是什么，关键要看我们如何去把握。

婚姻对于爱情来说，多了一些平淡，少了一些轰轰烈烈；多了一些琐碎，少了一些刻意制造的浪漫。但并不是说平淡就不是幸福，琐碎就没有悸动，在婚姻中只要去悉心栽培，爱情就同样会很绚烂，感情也会更为长久。

1. 解锁婚姻，婚后的爱情依旧存在 / 199
2. 用爱经营的家才会温暖 / 202
3. 别让一些惯性的话语毁掉婚姻 / 205
4. 婚姻中需要彼此的原谅 / 208
5. 婚姻中需要互相的理解 / 211
6. 婚姻也需要不显眼处的装饰 / 213
7. 猜疑是婚姻中的大忌 / 216
8. 习惯不同并不是婚姻破碎的理由 / 219
9. 每天给对方一个幸福的理由 / 221
10. 婚姻承担的不仅是责任，更是爱情 / 224

卷一：

轻松心态——拂去灵魂的尘埃

- ◎ 第一章　做情绪的主人，走出自我折磨的误区
- ◎ 第二章　放开执著，用心灵呼吸新鲜空气

第一章

做情绪的主人，走出自我折磨的误区

生活像是一首绵延悠长的曲调，情绪就如跳跃在旋律上的音符，高高低低，或喜或悲，一个个音符组成了高昂、热烈、低沉、悲伤的曲子。而现今社会的节奏越来越快，人们压力也越来越大，也许这一刻你兴高采烈，或许下一刻你就悲愤异常。这些不期而遇的情绪，主导着我们的生活。为了让我们的心灵不要负担太重，也为了让我们的人生不在懊恼与悲伤中逝去，所以绝不能让情绪牵着鼻子走，而是应该学会控制它，并不断地去为心灵洗澡，从而走出自我折磨的误区，拂去心灵的尘埃。

1. 生气其实是一种自我惩罚

情绪就像四季般自然发生，而生气也像是一个不听话的孩子，总是叨扰我们的生活。纵然在生活中我们有千万个生气的理由，但是我们也要慎重考虑应该以怎样的方式去发泄自己的情绪，而不是一味地生气。要知道，生气其实是一种对自己的惩罚，它就像是一张无形的大网，会覆盖住我们的思维，让我们迷失方向。

人生在世，总是会被很多事情所牵绊。当然这里面也就包括了我们各式各样的情绪，或是悲伤欣喜，或是幸福痛苦抑或者是愤怒感激等，这所有的一切有时候就像是一张张大网，覆盖住我们的身体，从而也渐渐地束缚了我们的灵魂。

康德说："生气，是拿别人的错误惩罚自己。"初步想想，似乎有点疑惑。为什么生气是惩罚自己呢？后来仔细一琢磨，才恍然大悟，原来生气只是自己的愤怒，只是将自己的情绪推到了风口浪尖，从而折磨自己的心灵与身体，有时候还会引来身体疾病，而对别人却是一点用都没有。或许当别人看着我们被气得浑身发抖时还在那里偷笑，或是看到我们因为生气而呼吸急促的时候，还会对我们说一句：不要气坏了身子，诸如此类的话语，而我们如果身体有疾病，并且心理承受力不好的话，可能真的会因为气上加气从而危及自己的生命。虽然说人生就是为了争一口气，但是为了那一口怨气而影响自己的生活甚至赔上自己的性命，真的值得吗？

常言道，烦由心生。如果心里一片清净，即使是面对再大的挑战也应该可以应对自如，掌控全局，但是如果心里一片混沌，那么我们就只能在欲望的掌控下折磨自己的心灵与身体。所以说，生气只是我们内心混沌的表现，也是我们心灵失控造成的错误，而我们应该如何去让内心清明，又将如何去杜绝这个错误的再次出现呢？

从前，有一匹骆驼在沙漠中无力地向前走着。中午的太阳简直就是一个大火球，像要把整个大沙漠吞没一样，把骆驼晒得又饿又渴，焦急万分。骆驼装了一肚子的火，不知该往哪儿发。

这时正好有一块小小的玻璃片把它的脚掌硌了一下，气呼呼的骆驼顿时火冒三丈，抬起脚狠狠地将碎玻璃片踢了出去。却不小心将脚掌划开了一道深深的口子，生气的骆驼因为疼痛一瘸一拐地向前走着，身后留下了一串血迹，血迹引来了空中的秃鹫。它们叫着在骆驼上方的天空中盘旋着。骆驼心里一惊，不顾伤势狂奔起来，在沙漠上留下一条长长的血痕。跑到沙漠边缘时，浓重的血腥味儿引来了附近的沙漠狼，疲惫加之流血过多，无力的骆驼只得像一只"无头苍蝇"一样东奔西突，仓皇中跑到一处食人蚁的巢穴附近。鲜血的腥味儿惹得食人蚁倾巢而出，黑压压地向骆驼扑过去。就在一刹那间，食人蚁就像一块黑毛毯，把骆驼裹了个严严实实。一会儿工夫，那匹可怜的骆驼就满身是血地倒在了地上。

临死前，这个庞然大物追悔莫及地叹道："我为什么跟一块小小的碎玻璃片生气呢？"临死前才明白不应该动不动就生气，这匹骆驼显然明白得太晚了。

故事中的骆驼，就是在万分烦躁中做出了把自己推向死亡边缘的事，如果它没有因为周围环境的恶劣，没有因为自己的饥渴与焦急而让自己的脾气失控，它也不会通过踢玻璃片来发泄自己的怒气，当然也不会让自己弄伤，从而导致命丧食人蚁。其实人也跟骆驼一样，会在焦躁或者是愤怒的时候做出这样或者那样失控的决定，从而把自己推向危险的边缘。

那么究竟我们如何让自己的内心一片清明，并且不让自己的心灵失控从而危害自己呢？

慧能大师曾经说过："菩提本无树，明镜亦非台，本来无一物，何处惹尘埃。"意思是说如果我们心净无尘，知道世事无常，那么我们就不会执著于那些意念，心里没了那些挂碍，当然也就不会为那些琐事所心烦。但可能我们会想，我们终究是生活在世俗红尘中，不能不理会那些纷纷扰扰的事，所以我们不可能做到心无挂念，心无羁绊。诚然，如果我们无法做到不理世俗没有挂念，那么我们可以修炼自己的心灵，让自己远离那些执著的欲念，在遇到事情的时候保持一颗清明的心，不让那些执念与冲动左右我们的思想，控制我们的行动，那么我们就可以在任何时候都应对自如，掌控全局。

人生本就是一场戏，戏里戏外，只要演好自己的角色，体味自己的幸福，从而摒弃那些执著的欲念，让生气与愤怒远离自己，那么这样的人生应该会有更多的欢欣与蓬勃的朝气，毕竟生气其实是对自己的一种惩罚。

心灵花园

愤怒总是起于愚昧，终于悔恨。为了不让自己的人生有过多的遗憾与痛苦，那么就少一点愤怒，少一点生气吧，放下自己的执念，让心灵保持一片清明，从而让自己的人生多一点蓬勃与朝气，幸福与欢欣。

2. 从容的人生云淡风轻

从容是一种对生命的深刻理解与感悟，也是一种成竹于胸的镇定与洒脱。在人生的路上，只要我们保持一份从容，云淡风轻地对待人生路上的种种，那么我们也就少了很多的困扰与折磨，从而多了一份恬静与安逸。

"宠辱不惊，闲看庭前花开花落；去留无意，漫随天外云卷云舒。"这是一种恬静淡然的心情，也是一种安逸潇洒的人生态度。在浮浮沉沉的人生大海中，我们兜兜转转，在疾风暴雨与风平浪静中品尝着人生的百味，也在失意与希冀中追赶着梦想的脚步，但是即使功成名就，似乎心中的某些角落总是呼唤着那一份安然与宁静、满足与幸福。到底在这样轰轰烈烈的人生中，我们缺少的是什么？

现今社会，人们总是在拥挤的车辆与焦急的脚步中将时间度过，整天为了房子车子而不断奔波，也在匆忙与焦急中遗失了很多的平淡与幸福。海子告诉我们："活在这珍贵的人间"，不管这个人间有多么的不公平，有多少的辛苦，有多少的辛酸，我们都应该懂得在平凡中寻找幸福，在点滴中理解生命的真谛。而不要为了一些小事，一些强烈的欲望，以及一些让自己不顺心的人们而扰乱自己平静的生活，并且迷失自己的本性。

　　一个懂得生活的人，不管生在何处也总能找到幸福的影子。人总是在心平气和的时候最容易悟到和感知生命的真谛，去从容地生活，淡定地工作。也许也是因为有了这样的一份从容与淡定，生活和工作才有了那种激情与快乐。

　　要知道，只要我们的心灵拥有一份从容，拥有一份淡定，那么不论身在何处，也会有一方净土。唯有淡定，才能让我们的内心安静下来，才能细细品味生活的万千滋味。

　　有这样一个女人，她没有背景，也没有美貌，更不可爱，但她却是一个大家族里最受欢迎的并且是事实上的主人。她就是日本小说家紫式部《源氏物语》笔下的花散里，源氏六条院夏宫的主人。

　　但是在其他的三宫里面却住着美貌才华胜过花散里的3个人。其中春之宫里的紫姬，美貌无双，极其受宠；秋之宫里的秋好皇后，是源氏养女，后台非常强大；而冬之宫里的明石姬，也是秀美聪慧，并诞有子嗣。同她们相比，花散里可谓是芳华不再、相貌平常。但就是这样一个平凡无奇的她却陪着源氏走到了最后。这究竟是为什么呢？

　　就是因为她大方包容，善解人意，并且理解力强，反应敏捷，更是性情柔顺，不妒忌，不求太多。也不在乎源氏有多少情人，只是在源氏需要的时候一直张开自己的双臂给予她爱的人无私的爱。所以在源氏的记忆里总有那样的一个女子，让他牵挂并且安心，所以他一直给予花散里关爱与信任。

　　源氏常常到夏宫找花散里，那时他们两人分榻而卧，彻夜长谈。因为那里是唯一一个能让源氏毫无顾忌畅所欲言的地方，花散里也是那个仅仅说说话就可以让源氏安心放松的唯一人选。

花散里，她确实是一个从容淡定的女人。她是用自己的方式爱着自己的丈夫，从不跟别的女人争风吃醋，用淡定维护着她的男人以及自己的爱情，在他需要的时候用双臂去拥抱他，给予他温暖与安定。试想这样一个女人，如何能让人忘记，如何不叫人放在心里呢？

从容淡定不是平庸，而是一种生活态度，一种人生境界，它是不争的智慧，是对幸福的更高境界的一种诠释。

在我们的生活中，平日里免不了会有磕磕碰碰，与一些人发生摩擦。其实仔细想想很多时候，那都是一些小事，是我们因为自己的个性而让那些小事无限地扩大，有时候甚至是弄得一发而不可收拾。这时候，如果我们在事情发生的时候能够保持清醒的头脑，并且权衡利弊，能将小事化无，那么我们的人生肯定会少了一些争斗与顶撞，多了一些和平与友好。

太多的抱怨与失望，太多的争斗与欲望，会像是一张张无形的网，牵绊住我们的灵魂，也会像是一条条绵长的丝带，缠绕住我们的身心，让我们在痛苦与挣扎中自我折磨，从而让生命也渐渐地苍老甚至消逝。所以为了身体、为了心灵，我们要保持一种淡然，保持一种从容，在任何事情面前都要保持理智，也不要在任何的困难与挫折中难以自拔，更不能在一时的欢快与兴奋中迷失自己。生命需要一种从容，人生需要一份淡定，只有在从容与淡定中我们才能更容易寻找到人生的真谛，从而拥有更为幸福满足的人生。

所以，放慢我们的脚步吧！也在适当的时候回过头去看看，自己有没有被欲望所驱使，有没有被自己莫名的情绪所左右，有没有被无谓的事情所牵绊，并且有没有找到那一份恬静与淡然，还有那份安逸与幸福。

心灵花园

生命中有些欲望可以被抑制，有些争执也可以被化解，有些挑衅我们也可以去漠视。只要我们拥有一颗恬静淡然的心，将世间的一切都用理智去面对与解决，不被自己的欲望与情绪所控制，那么我们就可以在这个纷繁复杂的社会中找到一片心灵的栖息之地。

3. 沟通可以让生活如蜜

墙，推倒了就变成了桥；人心的距离，只要好好沟通也可以变短。沟通是一门技巧也是一门艺术，懂得了沟通，生活就会少了很多磕磕碰碰，也会少了很多争吵，那么我们的生活也会变得甜蜜幸福。

卡耐基有这样一句话："如果你是对的，就要试着温和地、技巧地让对方同意你；如果你错了，就要迅速而坦诚地承认。这要比为自己争辩有效和有趣得多。"的确，在我们的人生中，意见相左是很平常的事，犯错就连圣人也无法避免。俗话说：有一千个读者，也就有一千个哈姆雷特。对于一件小事，由于我们的思想不同，所处的环境不同，可能我们会有很多不同的看法，当然也就会衍生出很多不同的解决方法。

在生活中，我们常常会碰到这样的事，两个关系比较好的朋友，对于一件小事，因为彼此的意见与见解不同，从而产生了很多争吵，甚至让两个人分道扬镳，以至于在自己的人生中或多或少留下了一点遗憾。其实我们想想，如果意见不同，那么我们可以进行有效地沟通，心平气和地解决存在的问题，而不是去为小事而翻脸，争得脸红脖子粗。不要忘了，上帝在造人的时候，给了我们一张嘴还有一个会思考的大脑，那么嘴巴除了吃饭的作用之外，还有说话的作用，而大脑可以掌控我们如何去说话，如何在这个社会上生存。然而当说话变成一种技巧，那么就可以叫做有效地沟通。所以，为了能在这个社会上更好的立足，为了让我们的生活过得更美好，我们一定不能忽视有效沟通的力量。

沟通是情感的桥梁，它可以缩短心灵的距离；沟通也是温暖的阳光，可以融化人们心中的冰块；沟通还是缠绕彼此的纽带，可以让我们建立相互的信任；沟通更是生活的一剂调料，可以为我们的生活带来幸福的味道。但是有时候，有效的沟通还像是一种魔法，可以将不可能变为可能，化腐朽为神奇。

美国的一个农村，住着一个老头，他有3个儿子。大儿子、二儿子都在城里工作，小儿子和他住在一起，父子相依为命。

突然有一天，一个人找到老头，对他说："尊敬的老人家，我想把你的小儿子带到城里去工作，可以吗？"

老头气愤地说："不行，绝对不行，你滚出去吧！"

这个人说："如果我在城里给你的儿子找个对象，可以吗？"

老头摇摇头："不行，你走吧！"

这个人又说："如果我给你儿子找的对象，也就是你未来的儿媳妇是洛克菲勒的女儿呢？"

这时，老头动心了。

过了几天，这个人找到了美国首富石油大王洛克菲勒，对他说："尊敬的洛克菲勒先生，我想给你的女儿找个对象，可以吗？"

洛克菲勒说："快滚出去吧！"

这个人又说："如果我给你女儿找的对象，也就是你未来的女婿是世界银行的副总裁，可以吗？"

洛克菲勒同意了。

又过了几天，这个人找到了世界银行总裁，对他说："尊敬的总裁先生，你应该马上任命一个新的副总裁！"

总裁先生说："不可能，这里这么多副总裁，我为什么还要任命一个副总裁呢，而且必须马上？"

这个人说："如果你任命的这个副总裁是洛克菲勒的女婿，可以吗？"

总裁先生当然同意了。

故事中的那个人，借助他的一张嘴巴与机灵的头脑，跟3个关键人物进行有效的沟通后，将不可能变成了可能，并且让他们的生活达到了圆满。可能我们会怀疑，故事中的那几个人真的那么好糊弄吗？其实不管这个故事本身的真假，但是我们能看到的就是有效沟通的强大的力量，对我们生活的改变，以及有效地沟通带给我们的惊喜与奇迹。

生活中的磕磕碰碰、争争吵吵或多或少都给我们带来了很多的困惑，总是扰乱着我们的生活和心情，也会引发我们很多恶劣的情绪，让我们陷在情绪的漩涡中备受折磨，但是这一切并不是没有解决的办法。只要我们学会沟通，对于有些事，如果明显的不是自己的错误，那么就像是卡耐基所说，我们就要试着用温和的技巧的方式去让对方同意我们，如果是我们的错，我们就应该迅速而坦忱地承认，而不是听之任之，置之不理。如果我们在生活工作中，做任何事情之前都能仔细地想一想，在发生问题的时候跟他人可以进行有效地沟通，那么相信我们的生活与工作都不会是我们头痛的来源，而我们的心灵也会变得异常的清明，我们的心态也会变的更加的轻松。

沟通是一门技巧，也是一门艺术，这门艺术可以给我们的人生增添色彩，省去不必要的麻烦，也可以给我们的感情赋予更多的信任，给我们的心灵浇灌更多的雨露。所以当我们为了一件小事而跟父母争得面红耳赤的时候，静下心来好好想想应该怎样跟他们进行沟通；当我们因为意见相左而与朋友的感情陷入低潮的时候，克制住自己的情绪，想好适当的措辞,从而在理解的基础上将事情圆满地解决。

　　生活需要沟通,感情也需要我们共同的维护。懂得了理解,拥有了有效沟通的技巧,生活中也就多了一些甜蜜,少了一些争吵,而我们离幸福的距离又将会更近一步。

心灵花园

　　不要让我们的心灵像上了锁的大门,也不要让我们的思维一直停顿在自己的世界里,生活中处处充斥着争吵。为了生活,为了幸福,我们要学会理解与沟通,在理解中找寻生命的意义,在沟通中品尝生活,探索幸福的秘密。

4. 将流言飞语当作一场戏

　　一个能驾驭自己情绪的人,在各方面就更容易成功;而能将流言飞语作为耳旁风的人,那么他的人生也就少了很多的困扰与折磨。人生免不了被流言飞语攻击,但是面对那些攻击,如果我们只当是一场戏,以一颗平静的心去对待,那么那些流言对我们也就没有了任何的杀伤力,当然对我们的心灵也造不成任何的伤害与干扰。

　　有人说,人生就是一场匆匆忙忙的戏,在这场戏里虽然匆忙,但是什么事都有可能发生。如果想要这场戏安全并且圆满地收场,那么我们就要驾驭自己的情绪,并且用一种平常的心态去对待发生的每一件事,就算是让人头痛的流言飞语,我们也要以平常心待之。

　　有人的地方就有流言,这是不可否认的事实。而流言的产生,往往也是通过人的相互作用而实现的。一句微小的话语或者一句玩笑话,经过后来的人继续的捕风捉影以及添油加醋,再传到有心人的耳朵里,接着继续传递,最后就成了漫天飞舞的流言飞语。其实很多人面对流言飞语会感到头痛,或者无所适从。因为有时候语言是最有杀伤力的东西,而作为语言中最没有凭证的流言,它可以毫不费力的通过人的听觉,从而触动我们的灵魂。

但是俗话说,流言止于智者。对于流言飞语,只要我们拥有一颗淡定从容的心,并且乐观与豁达地去面对,将那些流言飞语看作是一场戏,不要让那些流言来左右自己的情绪,干扰自己的生活,那么流言对我们来说也就没有了任何的意义。

有明星表示,自从由其主演的某电影大红大紫后,媒体和 Fans 对他的关注程度越来越高,所以他每做一件事都很小心。对于网络上有关他的报道让他喜忧参半,喜的是随着知名度的提高,自己在公益上的成绩不菲;忧的是也有很多人对他的公益提出异议,甚至泼脏水。这些虽然看似很普通的事情,或许对于我们平常人而言根本没有什么,但对于他而言,有时候一个无心的动作也可能会变成媒体的噱头,甚至处于好心做的事情也可能会被歪曲。因此,他很多时候都愿意待在家里,因为他不知道自己什么时候所做的某件事情又会卷入是非中,又会闹一场绯闻,尽管这样,有时候他还是躲不过一些事情,但既然躲不过,他也不会逃避,不会沮丧,会乐观坦然地面对。

对于自己的迅速走红,明星们也总是告诉别人说很有压力,但是他们也表示认为只是觉得压力大,只是去抱怨对自己一点帮助都没有,他们会尽量保持平静的心态去面对。

面对那些流言飞语,作为明星,可以说是根本无处躲藏。因为职业的特殊,他们的每一言一行都可以说是要谨慎,因为有时候可能就是因为自己说过的一些话,做过的一些事,都有可能引来漫天的流言飞语。但是面对这样的压力,许多人并没有退缩,面对流言,他们也没有躲避，而是在尽量控制自己行为的基础上，乐观地生活工作。

其实作为平凡的我们，可能根本无法体会明星面对绯闻的那种压力，但是在我们的生命中，有时候也不可避免地会受到流言的攻击，这时候，我们应该怎样去面对呢？对于平息那些空穴来风的流言，尼古拉斯·狄福奥佐教授有三个方法可供我们参考：

1. 迅速回应

因为很多人在面对那些谣言时，会抱着"清者自清"的信念，只要别人问他，总是采取一种无可奉告的态度。但是由于人类总是会对那些不确切的事情格外关注。所以，要想让流言尽快的沉寂，那么我们就要在第一时间作出回应。

2. 不可沉默

有实验证明，沉默不语会增加人们的不确定感，并且会激发人们寻根究底的兴趣。一味的沉默只会让人们觉得当事人似乎在试图掩盖什么或者有什么难言之隐，会让他们更加热衷于挖掘信息。

3. 借助第三方

有时候，对于流言，当我们有嘴说不清时，我们可以找一个中立的、可靠的第三方，让他站出来帮忙说话，这样会让我们的反驳如虎添翼，更有说服力。

总之，对于流言，我们一定要积极地面对，并且找寻正确的平息之道，从而让我们的生活变得轻松，无负担。

心灵花园

流言总是止于智者，当我们陷入流言飞语的泥潭中的时候，不要忘了保持一份从容的心态，乐观地对待那些流言，并且积极寻找有效的方法去平息它们，而不是沉浸在流言给我们带来的伤痛里不能自拔。

5. 生活中也可以学学"斗转星移"

当我们的生活陷入困境，当我们的情绪走到低潮，对任何事情都提不起兴趣的时候，我们可以尝试转移自己的注意力，学学"斗转星移"。找寻那些可以让我们愉快的事情，以及可以让我们的心灵放松的东西来填充我们的生活，这样，我们可能会在恶劣的情绪中看到不一样的风景。

人生路上，两点之间最近的距离并不一定就是直线，因为有时候我们可能会遇到高山大川，弯弯曲曲的过道，这时候如果我们一心想着走直线，那么肯定会撞得头破血流，也有可能会迷失方向，到达不了终点。所以，人生路上想要到达终点，我们就必须学着顺势而行，该拐弯的时候记得拐弯，该直走的时候直走，审时度势地调整路线，直到成功。

生活也是如此，当我们的生活陷入困境，或是我们的情绪走到低潮，我们就应该学着转移自己的注意力，不在一件事情或者一种情绪中过于纠缠，而让自己一直处于烦恼之中。虽然有时候我们的人生我们的生活由不得我们自己选择，但是我们的情绪我们的心情可以由我们自己控制，快乐和悲伤也可以由我们自己做主。

每个人都有情绪低落、悲伤痛苦的时候。在这个时候，其实我们可以想想开心的事情，如果真的没有办法开心起来，那么也可以选择去做一些有意义的事情让自己忙碌起来，暂时忘记那些伤痛，从而让时间去冲淡它们。听说有的人在悲伤的时候选择大吃一顿，将自己吃得撑撑的，吃完了，身体受到了折磨，悲伤也就慢慢消退了。虽然这是一种化解悲伤的方式，但是对于这种伤害自己身体的方法，我们最好还是远离它。也有的人喜欢在痛苦悲伤的时候去运动，或是跑步或是打篮球，让自己出一身的汗，然后身体疲倦了，悲伤也就不见了。这种让身体通过运动而产生疲倦的方法，其实是一种化解情绪的有效方法，也不会给我们的身体带来很大的伤害，所以我们有时候可以运用它。当然也有的人喜欢在悲伤的时候去空旷的地方大声呼喊一声，让悲伤与痛苦随着声音传播到空气里，让郁积在自己心中的不快发泄出来。这种方式，是将心里的不快通过感官传递出去，让心灵不再那么沉重，也是一种化解悲伤情绪的有效方法。其实不管是何种方式，它们的目的只有一个，就是转移自己的注意力，让悲伤在自己的心中不要占据太大的空间，从而影响自己的生活。

其实，生活中的种种不如意，情绪的各种波动，以及内心的种种痛楚，我们都是可以靠一些方法来化解的。生活原本就丰富多彩，而我们的情绪也不是单一的，我们可以在悲伤的时候做些愉快的事情，找寻一些可以放松我们心情的东西来填充我们的生活，这样，在悲伤与痛楚、愤怒与徘徊中我们可能会看到不一样的风景，感受别样的生活。

骡子继承了马和驴的优点，它不但体型硕大，脚力也极佳。可骡子若是发起性子，它的脚便会像钉了钉子一样，坚持它固执的脾气，一步也不肯向前走。

骡子的主人要是一个没有经验的新手，死拉硬拽与骡子斗脾气，于事无补不说，骡子还可能会狠狠地"奖励"他一个响蹄。但若换一个有经验的主人，他不会拿鞭子打它，也不会拼命拽它，他会很快地从地上抓起一把泥沙，塞进骡子的嘴巴里。骡子会很快地把满嘴的泥沙吐个一干二净，等到吐完泥沙，骡子的脾气也烟消云散了，然后，在主人的驱赶下，又会老老实实地往前走。

其实，道理很简单，往骡子嘴里塞进一把泥沙，它就会感到嘴里很不舒服，进而连忙处理嘴里的泥沙，很快就忘记了自己刚刚生气的原因。这种塞泥沙的做法，只不过是转移它的注意力罢了。

在我们的生活中，其实很多时候我们就会像故事中的犟骡子一样，让自己的倔强与爱钻牛角尖的想法去影响我们的生活，并且让自己也陷入一种莫名的情绪之中。其实我们要知道这是根本没有必要的，因为人生中的很多事情都是我们难以捉摸的，这时候我们就需要转移自己的注意力，尽量把自己的注意力从那些让我们苦恼的事情上转移过去，这样我们就不会因为自己的倔强以及爱钻牛角尖而让自己变得痛苦悲伤。

虽然在我们的人生中，我们有时候无法选择自己的命运，但是对于生活我们却可以选择，我们可以选择生活的简单与复杂；虽然在我们的人生中，有时候我们无法预知自己的未来，但是现时的情绪我们却是可以自己掌握，我们可以掌握自己的喜怒哀乐。所以，不管在我们的生活中发生了什么，不管我们的情绪将会有怎样的起伏，只要我们能够适时地转移自己的注意力，将自己从那些不好的情绪中脱离出来，那么我们的生活就会少去很多的烦恼与痛苦，当然也就增加了很多的欢笑与幸福。

在生活中学会"斗转星移"，把自己的注意力从那些失去的、悲伤的事情上撤离出去，那么我们的人生就会变得豁达，我们也就会离幸福越来越近。

心灵花园

将"斗转星移"适当准确地应用到我们的生活中，那么相信再痛苦的经历，再难以释怀的感情，也会因为暂时的忘记而慢慢地淡出我们的视线。所以，让时间去弥补心中的那份缺憾，让岁月去遗忘心中的那份痛楚吧，给心灵一点机会，让愉悦与幸福去主宰我们的心灵。

6. 拒绝成为情绪的奴隶

我们不能控制天气的好坏，却能在美好与恶劣的天气中选择适合自己的行动；我们不能控制别人的思想，但可以掌握自己的思维，控制自己的情绪。人生路上坎坎坷坷，生活中磕磕碰碰，这都是不能避免的，要想走好自己的人生路，拥有幸福快乐的生活，我们必须要学会控制自己的情绪，做情绪的主人，而不要做情绪的奴隶。

请问你有过这样的经历吗？在面试的前一天晚上，焦躁不安，整晚地失眠？在考试的时候，手心里面都是汗，并且在等到老师说还剩最后10分钟的时候，手发抖地连笔都握不住？或是在跟男女朋友吵架的时候口不择言，什么话都脱口而出，也不考虑任何后果，最后只能在冷静下来的时候后悔？或是在跟父母争执的时候，大脑一片空白，最后甚至离家出走？

如果你的回答是：有，只是偶尔几次，那么这也不稀奇，因为这都是我们正常情绪的反应。一个人，在他的一生中或多或少会被那些莫名的情绪所困扰，也会在失控的情况下做出有别于常理的事情。但是如果你的回答是：经常这样，那么你就要小心了，因为你似乎已经脱离了常规的情绪，常常受到自己情绪的干扰，以致影响自己的生活，并且似乎正在或者已经沦为了情绪的奴隶。

一个沦为情绪的奴隶的人，他的行为以及言语就不能用常规的方式来看待。或许因为你一句无心之话，他会歇斯底里对你喊叫，并且不断地跟你争辩；因为你一个不小心的错误，他会跟你斤斤计较，不能罢休；也有时候，他的情绪会陷入一种深深的痛苦中，每天愁眉不展；也或许因为自己的一次失意，而变得萎靡不振，甚至自寻短见，放弃生命等。总之他的情绪会陷入一种谜团中，让我们无法去琢磨也无法去理解，他自己也无法掌控。但是，人们的情绪真的是那样难以捉摸、那么难以掌控吗？答案当然是否定的。因为一个人，只要他的身体跟心理机能完全正常，那么他就有控制自己的情绪的能力，关键是看他想不想以及会不会控制的问题。

在《三国演义》中，张飞得知关羽被杀后，命令手下人在几天内备齐几十万人的白盔白甲，不然就杀死他们。不仅如此，张飞还在酒后鞭打士卒。结果，他就在睡梦中被部下杀死，圆睁着豹眼也无济于事。张飞可谓是一代名将，但是就这样糊涂死在小人手中，怎么不让我们感慨万分呢？试想，如果不是因为自己的情绪失控，张飞怎么会有如此的下场。再看看刘备，世之枭雄，也是因为情绪失控就差点断送了蜀国的江山。话说在关羽、张飞死后，刘备由于无法控制自己的情绪，满脑子就只有报仇，所以他不顾所有人的劝阻，去讨伐东吴，结果兵败彝陵，死在白帝城。

在那个乱世中，有情绪失控的例子之外，当然也有控制住自己的情绪而取得成功的故事：诸葛亮最后一次北伐，司马懿与其对垒百日就是不战。于是诸葛亮送来女人的衣服、头饰、脂粉等羞辱司马懿。虽然司马懿也一时怒起，但他最后还是很好地控制住了自己的情绪，坚持了自己的战略方针，并且最终让诸葛亮没有办法，只好撤兵。

同样是生在乱世，但是由于没有很好地控制自己的情绪，张飞跟刘备为自己的失控而付出了沉重的代价，而善于控制自己情绪的司马懿却获得了自己的成功，如此看来，情绪的控制对一个人的成功真的有很大的影响。

美国著名的心理学家丹尼尔认为，一个人的成功是由人的智商跟情商决定的，令人惊奇的是我们一直以来比较注重的智商，即 IQ 对我们成功的贡献率只有 20%，而我们常常忽视的情商，即 EQ 却承载了 80% 的份额。那么究竟什么是 EQ，什么是 EQ 管理呢？所谓 EQ，是指人在情绪、情感、意志、耐受挫折等方面的品质。而 EQ 管理的理念即是用科学的、人性的态度和技巧来管理人们的情绪，善用情绪带来的正面价值与意义帮助人们成功。这就是 EQ，可以帮助我们走向成功的神奇因子。既然我们已经知道情绪在我们的人生中有这么重要的作用，那么我们究竟如何去管理我们的情绪，做自己情绪的主人呢？

美国密西根大学的心理学教授兰迪，针对情绪控制提出了 7 种比较有效的方法：

1. 针对问题设法找到消极情绪的根源。
2. 对事态加以重新估计，不要只看坏的一面，也要看到好的一面。
3. 提醒自己，不要忘记在其他方面取得的成就。
4. 不妨自我犒劳一番，譬如逛街、逛商场、去饭店美餐一顿、听歌赏舞。
5. 思考一下，避免今后出现类似的问题。
6. 想一想还有许多处境或成绩不如自己的人。
7. 将自己当前的处境和往昔做一对比，常会顿悟"知足常乐"。

让我们控制好自己的情绪，管理好自己的情绪，拒绝做情绪的奴隶。因为一个人只有做了情绪的主人，他才能在自己的人生中更好地把握住自己的方向，不因为自己情绪的失控而做出一些不好的事情，他才能在自己的人生之路上走得更加通畅。

心灵花园

控制好自己的情绪，就相当于抓住了成功的一只手。生活中有太多的不如意，人生也有太多的干扰，但是如果我们能在自己的情绪快要失控的时候依旧可以做到掌控自如，那么人生中的一切都不会再是阻碍我们走向幸福与成功的理由。

7. 自怨自艾是在折磨自己

命运给予了我们什么，我们都无从计较。人这一生，或多或少都会遇见一些困难与不公平，但是只要我们相信自己，就总有改变的机会，相反如果我们一直沉浸在自怨自艾的世界里的话，那么那些可以改变的机会也会跟我们擦肩而过，那么困难与不公也就永远也没有改变的可能。

曾经听过一句西方名言：自怨自艾是奢侈品，我负担不了。可能我们会想，自怨自艾怎么可能是奢侈品呢？它又不是价值连城的珠宝，需要花很大的一笔钱，只是偶尔动动嘴巴伤伤脑筋的事情，我们又有什么负担不起的呢？其实这样想，也不是没有道理，因为自怨自艾确实不需要浪费人类的物质资源。但是不可否认，在这个论述里面，我们忽略了一点，那就是人类的资源不仅仅只有物质的应该还有精神的，而自怨自艾正好是浪费了人类的精神资源。那为什么会这样说呢？

我们都知道自怨自艾换一种说法就是自怜，但这个自怜很多时候都是悲天悯人，怨天尤人，只是将自己的思想停留在想的这一层面上，并且这个想一般都是通过一些片面的理由以及一丁点儿的事实去想象的。例如，在一次面试中，同去的人有一半被公司留了下来，而自己偏偏是那些没有选中者之一。可能在知道结果的一瞬间我们的心就沉到了谷底，并且会感觉到很失落，然后在一段时间里我们都无法释怀，就会一直想自己是不是很没用，是不是因为自己的外貌原因，或是也会去想，如果那天胆大一点，会说话一点就好了，更有甚者还会去想是不是以后都找不到好的工作……然后一大堆的想法就会冒出来，并且天天啃噬着自己的心灵，折磨着自己的精神。这样一直下去人也变得自卑了、自闭了，也就慢慢开始逃避生活。其实这都是我们自怨自艾惹的祸，因为我们要知道，人生中不可能一直是一帆风顺的，一次的失败并不代表我们没用，一次的错误也不代表我们每次都会做错。但是如果面对失败与错误，如果我们一直沉浸在自己的世界中，每天在失败与错误中自责，并且一心去关注自己的失败与错误，而不是在失败与错误中找寻原因，为下一次的成功做准备，那么我们可能就永远都没有成功的那一天，也永远只能陷在想象的泥潭中，让那些"如果"与"可能"折磨着我们脆弱的灵魂。

　　有个这样的故事：乔治这一生可算是碌碌无为，在他死后去上帝那里报到的时候，上帝特别不开心，因为乔治的履历表实在是太空白了。于是上帝就问乔治说："你在人间足足活了60多年，为什么就一点儿作为都没有呢？"乔治对于上帝的质问与指责感觉到有些不服气，于是他就辩解说："我之所以这么没出息，就是因为你根本没有给我机会。如果你让那个苹果砸到我的头上，那么发现万有引力定律的人就不会是牛顿了，而是我，那么我的履历也就不会一片空白了！"但是上帝回答说："可是我是公平的，我给你们每个人的机会都是均等的，你之所以这样，只是因为你自己没有抓住机会。"

　　只见上帝把手一挥，时间一下子就奇迹般地回到了几十年前的那个苹果园。乔治正在一棵苹果树下睡觉，睡得正香的时候上帝来了，只见他摇动了一下苹果树，一个苹果刚好落在乔治的头上。乔治被苹果砸到后一下子就惊醒了；然后他捡起苹果往身上蹭了蹭，就开始大嚼起来。看到这儿上帝又摇动了苹果树，一个大苹果刚好又落到了乔治的头上，这回乔治还是不客气，张口又把它吃掉了。于是上帝再摇苹果树，一个又红又大的苹果又落在乔治的头上。这回乔治可不干了，于是他就一脚将苹果狠狠地踢了出去，并大声咒骂着："你这该死的苹果，搅了我的好梦！"

画面又转到了另一个场景，只见那个被乔治踢飞的苹果突然就落到了牛顿的头上，也是一下子将牛顿从睡梦中惊醒。只见牛顿捡起那个苹果，就陷入了沉思。突然间他高兴地大叫起来："就是这样！"于是万有引力定律就这样诞生了。

时光又回到现在，于是上帝就对乔治说："你现在还有什么好说的?"乔治哀求道："请您再给我一次机会吧！"但是上帝摇了摇头说："只知道自怨自艾的人是永远也抓不住改变命运的机会的……"

故事中的乔治，总是抱怨上帝没有给自己机会，而让自己一直沉浸在自怨自艾的漩涡中，从此庸庸碌碌一生，到死了还没有明白自己究竟是哪里出了错。等到到上帝那里交差的时候，才发现原来那些机遇并不是没有，而是在自己的忽略与自怨自艾中流失掉了。

可能在我们的生活中有很多人也跟乔治一样，被庸庸碌碌与自怨自艾缠绕着，总为生活中缺这缺那抱怨着，也总是为一天到晚发生的一些小事自怨自艾，更觉得上帝总是对自己不公。从而让那些怨气、自卑还有一些琐碎的事情困扰着自己的心灵，影响着自己的情绪，并且在那些恶劣的情绪中让时光不断地流逝，最终让自己的人生一无所获。

其实，世界并没有欠我们一个公道，别人也没有拿走我们的一粥一菜。我们要学会对自己的人生负责，发生了事情，有了什么问题，都应该积极地去面对，而不是拿自怨自艾或者那些无谓的理由去逃避、去抱怨。要知道，那些自怨自艾对我们的遭遇以及生活是没有任何作用的，而只会让我们凌乱的思绪痛苦的心情变得更加糟糕，也会让我们的情况变得更加复杂与难解。

所以，告别自怨自艾吧，不管遇到什么事，都以一种积极地心态去面对去解决，走出折磨自己的误区，过真正精彩的人生。

心灵花园

自怨自艾只会让我们凌乱的思绪与痛苦的心情变得更加糟糕，也会让我们在无谓的事情上浪费更多的时间与精力。所以我们要摒弃自怨自艾，让生活在积极的、阳光的环境下绽放光芒。

8. 微笑是化解小事最大的杀手锏

微笑是这个世界上最迷人的表情，也是化解小事最大的杀手锏。当我们处在琐碎的生活中不堪重负时，记得对自己以及身边的人笑一笑，让微笑去化解那些存在于生活中的不畅与尴尬、劳累与疲倦，让微笑去填充我们的生活，温暖我们的心灵。

微笑是一种自信，微笑也是一种理解。当我们被生活埋在琐碎中的时候，当我们因为一件事情垂头丧气的时候，当我们因为一次失败心灰意冷的时候，不要忘了对自己微笑，对那些关心自己的人微笑，给自己鼓励，给他们力量。

当我们早上醒来的时候，不要忘了对自己微笑一下，这样今天之前的所有阴霾就会一扫而空；当睁开眼睛，看到已经在忙碌的爱人的时候，也不要忘了走下床，去抱抱他，然后对他微笑，这样以前的不愉快以及所有的埋怨也会在融洽的气氛中消失；面对自己的朋友、自己的同事、自己的上司以及自己的下属，都不要忘记去微笑，因为有了微笑，生命中才会有更多的阳光，生活也会在微笑中变得更有意义。

我们的生活，总是被大大小小的事情缠绕着，有时候因为一个小小的争执，恋人之间就有了误会；为了一个小小的话题的争论，朋友之间就产生了分歧；而也是为了一句不得体或者无关紧要的话语，亲人之间就有了隔阂。其实当我们遭遇这些，首先我们不应该让自己的情绪陷入低迷，而是应该去考虑如何去化解那些矛盾。这时候其实我们都可以暂时放下自己的固执，而是用微笑去化解那些尴尬与不快，从而给自己一个机会，也给自己的爱情、亲情以及友情一个机会，要知道，当我们对别人微笑的时候，也就说明了我们的心意以及我们的善意。

微笑其实很简单，也很容易，不需要我们通过一系列的演算与思考才能得来，也不需要我们付出很多的金钱才能买来。微笑只需要我们在心中种植幸福与快乐，从而只要将自己的嘴角上扬，那么它就可以温暖我们的心灵，给我们带来莫大的勇气。

有这样一个故事：在一个小镇上，有一个非常富有的富翁，但是他很不快乐。有一天，这个富翁垂头丧气地走在路上，这时，在他的对面走来一个小女孩，然后那个小女孩用天真的眼神望着他，并且给了他一个很甜美的微笑。这个富翁望着孩子天真的面孔，心中突然豁然开朗。为什么要不高兴呢，能像这样微笑该有多好啊！

第二天，这个富翁就离开了小镇去寻求梦想和快乐。临走前，他给了这个小女孩一笔巨款。镇上的人觉得奇怪，就问这个小女孩，原本不相识的富翁怎么会送她一笔巨额的财富呢？然后小女孩天真地笑着说道："我什么都没做，只是对他微笑了而已。"

可能我们会想，这怎么可能呢？"只是对他微笑了而已。"怎么会得到那一笔财富？但是可能我们忽视了，对于那个不快乐、不开心的富翁来说，小女孩的微笑就是一种财富，在他的眼中那笔物质财富跟那些精神财富是等价的，那小小的微笑可以让他的生活有很大的改变，也让他的心灵变得轻松愉快，这就是微笑的力量。是小女孩的微笑点燃了他几乎化为灰烬的心灵，让他再一次觉得生命中有了希望，有了梦想，并且也有了快乐。

其实生活一直是美好的，当我们微笑着面对这个世界的时候，这个世界也会微笑着面对我们，给我们展现它最美好的一面。

所以，微笑吧，让微笑去开启我们因为生活而布满灰尘的心灵，去给我们混沌的心灵中注入新的活力，也给那些在失望与无助中的人们带去希望与鼓舞吧！苏格拉底说过：在这个世界上，除了阳光、空气、水和笑容，我们还需要什么呢？的确，微笑就是我们最美的表情，并且它不需要我们刻意地学习，它是上帝赋予我们的一个宝贵的礼物。我们既然已经拥有了它，就要好好利用它珍惜它。

生命原本就丰富多彩。在我们这个广阔的世界中，在各个不同的地方，容纳了各种不同肤色不同习俗的人，他们有着各自的信仰、各自的风俗、语言、习惯……但在生活中，请不要因为语言的隔阂、风俗的异同以及习惯的差别而害怕，因为在这个世界中还有一种语言是共通的，那就是微笑。即使没有共同的语言，但只要一个发自内心的微笑，也足以拉近我们心灵的距离；只要一个善意的微笑，我们也能通过自己的表情去传达千言万语；只要一个默契的微笑，那么什么都将不会再是问题……所以只要一个微笑，我们的世界就会变成一个大家族，这里不需要我们共同的语言，也不需要共同的国家，更不需要共同的信仰，但是通过微笑，我们可以彼此信任，并且成为朋友。

所以让微笑去填充我们的生活吧！让微笑去弥补我们感情的缺口，让微笑去化解那些小事中的尴尬与误会，也让微笑去温暖我们寂寞的灵魂，要知道，微笑是化解小事最大的杀手锏，有了微笑，心灵的距离会变得更近，生命的花朵也会开得更加灿烂。

心灵花园

如果失败了、痛苦了、失望了、累了,就停下自己的脚步吧!看看周边的风景,听听鸟儿的鸣叫,清理一下心灵的垃圾,努力让自己的嘴角上扬。那么你会看到一个新的世界,也会拥有一番别样的心情。因为微笑,是负面情绪最大的杀手,有了微笑,我们的生命也会更多一点快乐与幸福。

9. 学会调整自己的情绪

在生活中,我们会遇到各种各样的事情,也会有各种各样的情绪参与其中。但如果当我们遭遇挫折,并且让自己陷入不良的情绪中的时候,那么那些不良的情绪很可能就会成为束缚我们成功的桎梏。所以在我们的生命中要懂得调节自己的情绪,做好情绪管理,那么我们的人生肯定会与众不同。

在我们的人生中,最重要的情绪莫过于痛苦跟快乐,这两种情绪可以说是主导着我们的心灵,当然在这两种最基础的情绪中也会演化出很多种不同的情绪,譬如:兴奋、失落、绝望等,也正是这些情绪主导着我们的一生,也影响着我们的幸福指数。不管生命中发生什么,都能乐观积极坦然地面对,那么生活对我们来说,任何时候就都不会是负担,而是一种享受。

一个人的情绪会影响自己的心情,当然也会影响身旁的很多人的心情,所以一个有智慧的人,懂得爱别人的人,是不会因为自己的情绪而影响到他人的生活的。调整好自己的情绪,不管在什么时候,都不要让自己的情绪影响我们正常的生活与交往，也不要让我们的情绪将周围的气氛弄得僵硬。一个动不动就发怒，让情绪控制住自己的人，就表示他还有点幼稚，甚至有时候可以说是幼稚得无法驾驭自己，那么何谈引领他人？

所以不管发生什么，我们都应该学会调整自己的情绪，要控制情绪从而帮助我们走向成功。

布恩是一名普通的汽车修理员，生活虽然勉强过得去，但离自己的理想还差得很远，所以他希望能够换一份待遇更好的工作。

有一次，他听说奥尔良一家汽车维修公司在招工，便决定去试一试。他星期日下午到达奥尔良，面试的时间是在星期一。吃过晚饭，他独自坐在旅馆的房间中，想了很多，把自己经历过的事情都在脑海中回忆了一遍。突然间，他感到一种莫名的烦恼：自己并不是一个智商低下的人，为什么至今依然一无所成、毫无出息呢？

他取出纸笔，写下了4位自己认识多年、薪水比自己高、工作比自己好的朋友的名字。其中两位曾是他的邻居，已经搬到高级住宅区去了；另外两位是他以前的老板。他扪心自问：与这4个人相比，除了工作以外，自己还有什么地方不如他们呢？是聪明才智吗？凭良心说，他们实在不比自己高明多少。经过很长时间的反思，他终于悟出了问题的症结——自己性格情绪的缺陷。在这一方面，他不得不承认自己比他们差了一大截。

虽然已是深夜3点钟了，但他的头脑却出奇的清醒。他觉得自己第一次看清了自己，发现了过去很多时候自己都不能控制自己的情绪，例如爱冲动、自卑，不能平等地与人交往，等等。整个晚上，他都坐在那儿自我检讨。他发现自从懂事以来，自己就是一个极不自信、妄自菲薄、不思进取、得过且过的人；他总是认为自己无法成功，也从不认为能够改变自己的性格缺陷。于是，他痛下决心：自此而后，绝不再有不如别人的想法，绝不再自贬身价，一定要完善自己的情绪和性格，弥补自己在这方面的不足。

第二天早晨，他满怀自信地前去面试，顺利地被录用了。在他看来，之所以能得到这份工作，与前一晚的感悟以及重新树立起的这份自信不无关系。

在奥尔良工作了两年后，布恩逐渐建立起了好名声，人人都认为他是一个乐观、机智、主动、热情的人。在后来的经济不景气中，每个人的情绪都受到了考验，很多人都倒在了情绪面前。而此时，布恩却成了同行业中少数有生意可做的人之一。公司进行重组时，分给了布恩可观的股份，并且给他加了薪水。

就是因为在面试前一天晚上的彻底思考，以及认识到自己情绪以及性格的缺陷，决定弥补以及完善自己的情绪和性格，所以他在第二天的面试中自信的获得了成功，并且在以后的人生途中能够经受各种考验，从而用自己的乐观与热情、机智与主动赢得了自己事业的成功。这样看来，谁会说情绪对我们人生的影响不大呢？但是我们要知道，每个人的性格跟情绪并不是一生下来就是完美无缺的，所以面对自己的不完美以及残缺，不要去懊恼，也不要去迷茫，因为只要我们有决心，那么不完美的情绪、不和谐的性格也会变得完美和谐，因为情绪是可以调整的，性格是可以改变的。那么当我们的情绪失控的时候，应该怎样去调整情绪呢？

1. 多看美好的一面

生活总是会有很多的色彩，当黑色笼罩的时候，我们可以撇开黑色，而去注视那些让人心情大好的白色，或者五彩缤纷，那么我们就会觉得生活是如此美好，也就不会产生不良的情绪了。

2. 适当的情绪宣泄

情绪恶劣的时候，可以找人倾诉，释放自己的委屈、忧愁、牢骚和怨恨等不快，因为有时候，情绪一旦宣泄出来，那些不快也就烟消云散了。

3. 不要苛求

在我们的人生中总有一些事情是不顺我们心意的，我们也不可能将每件事情都做得完美。所以在我们的人生中有时候把要求放的低一点，把目标定的小一点，那么不满就会少一点，而我们的情绪也会好一些。

4. 转换思维的角度

如果有痛苦和残缺，我们可以看看它们带给我们的机遇与经验，看看它们美好的一面，换种方式去对待，克服那些困难和挫折，那么生活会容易很多。

心灵花园

做一个会调节自己情绪的人，那么我们的人生肯定会少了很多怒气，也会少了很多怨恨，反而是多了一点幸福以及感恩。做一个善于掌控自己情绪的人，那么我们的人生肯定也会卸掉一些负担，灵魂也会被我们自己掌控。

10. 在琐碎中修炼自己的灵魂

每个人的生活都是自己选择的，生活方式也是一样。生活其实也是因为琐碎才会继续，当我们因为生活的琐碎而喋喋不休的时候，不要忘记了生活的本质，也不要忘了寻找在琐碎生活中隐藏着的幸福。所以一个懂得生活的人，是会在琐碎中寻找快乐，在琐碎中修炼自己的灵魂的。

"因为生活太无常,故此努力保留琐碎的东西,抓住它们,也似抓住了根。"这是亦舒告诉我们的一句至理名言。是的,我们的生活总是反反复复,而岁月也总是在不知不觉中悄悄溜走,没有任何的预兆以及话语。有时候,当我们转身的时候,才发现那些岁月,那些似乎还在一起的人,早已经不知道去了哪里,而在原地,却只有自己孤身一人,还有那些琐琐碎碎的记忆。

其实生活就是由琐碎的事情逐渐积累起来的,如果我们去拒绝那些琐碎,那么实际上我们也是变相地拒绝生活,记忆也是由一系列琐琐碎碎的记忆组成的;如果我们去拒绝那些琐碎,那么我们也是在拒绝我们的记忆以及曾经拥有的美好。一个懂得生活的人,不管身处怎样的环境,不管处于什么样的时刻,也能在那个时刻在那些环境中找到属于自己的生活方式,也能在那些环境中修炼自己的灵魂,而让自己幸福快乐。

幸福快乐是不会戴着有色的眼镜看我们的。只要我们的内心满足,只要我们脸上常常挂着微笑,并且心里没有过多的垃圾,那么,我们就会幸福和快乐。

所以,如果我们去做,懂得去在那些琐碎与细微中发现生活,那么生活不管如何都会是美好的。人这一生,其实就是为了寻求一种心灵的满足,如果我们能在琐碎的生活中有所发现有所顿悟,那么我们的心也就不会那么沉重,灵魂也就不会时常感到不满与悲哀。

曾经看到过这样的一篇日记,一个女子在描写自己的生活的时候,这样写道:

又是一个晚上九点一刻……刚参加完乒乓球训练回来。身体很累,还是坚持上来晒晒心情,生怕此刻的心情会随着明天明媚骄阳的升起而和风细雨般地消弭而逝……

每天早起,为家人准备一顿营养丰盛的早餐,然后,很随意地搭配一套很运动的装扮，同样，会为自己一天的工作准备一个轻松的心情……

琐碎……忙碌……不停地穿梭……琐碎的工作反复地继续着……平淡的日子日复一日的轮回着……

每一个夕阳西下的时候，蓦然回首，感觉自己伴随着朝阳的亮丽竟在瞬间变得黯然失色，自己竟然变得如此"狼狈"……没关系，一切都是因为天气太热——阿Q总在最关键的时候出现，就再信他一次吧！

每晚2小时的乒乓球训练，汗水，湿透衣背，累并快乐着……因为运动，所以快乐！

九点一刻。回到家，打开电脑，欣赏着凤凰传奇的《自由飞翔》《等爱的玫瑰》写写心情，嗯，不错！

日子就是日子，阴霾天只不过是一段特殊的日子，终究会被甩在身后……

我们可以看到，在她写的这段文字中可以看出她对生活重复与琐碎的无奈，当然也有对生活继续的渴望与坚持。就是这样一段平凡琐碎的生活，也能让她有深刻的体会与生活的甜蜜。在琐碎中她有了阿Q的精神，也理解了阿Q精神的意义；在这段琐碎的生活中，她看到了阴霾的天气，当然也知道了阴霾只会持续一时，而不是生活的全部；她更懂得在生活面前，一切的不愉快和伤心都会最终被抛到脑后，而生活会以新的方式再度出现。

是谁说，生活在于轰轰烈烈，生命的意义在于成就一番大事业？其实真正的生活，真正的人生还是由那些琐碎的事情填充的，因为生命中毕竟没有那么多的轰轰烈烈的事情，而这个世界也不允许所有的人都去干风风火火的大事情。每个人更多的还是在琐碎的小事中度过自己的年华，拥有自己的记忆的。只要我们用心去生活，用真情去领悟，那么我们生命也会有一个高度，而这个高度是任何人都无法企及的。

学会在琐碎中修炼自己的灵魂，寻找幸福的真谛，那么我们的人生肯定不会残缺不全，而我们的心灵也将不会空虚难耐。

　　所以在每天的琐碎生活中珍藏记忆吧，因为那些才是生活最原始的东西；在每次的亲吻与拥抱中品尝爱情的甜蜜吧，因为那些拥抱与亲吻最能温暖我们疲倦的心灵；在每天的嘘寒问暖中珍爱那些亲情吧，因为那些关心来得最真实……去习惯生命中的那些琐碎吧！要知道，这些构成人生的小零件，丢一件我们的人生都不会完整。不论是甜蜜的还是苦涩的，不管是顺利的还是阻滞的，烦恼的还是舒畅的，只要那些是琐碎的，那么都是生活的零件。当我们的生命走到最后，回首往昔的时候，我们会知道那每一个小零件都是那样的令人回味，也是那样的让人感到温暖。

　　所以，珍爱这些琐碎吧，在琐碎中学会修炼自己的灵魂。让那些生活中的琐碎，成为我们生命的高潮，让它们在我们夕阳西下的时候，仍然可以体会到那里面无穷的力量以及带给我们的震撼。

心灵花园

　　一个懂得生活的人，是会在琐碎的生活中寻找到幸福的气息的，也是能在琐碎的生活中发现人生的真谛的。所以不要去拒绝那些琐碎，也不要去忽视那些细微，因为我们要知道，幸福总是在那些细微中，而心灵也会因为一些琐碎而变得充盈无比。

第二章

放开执著，用心灵呼吸新鲜空气

生活有时候需要执著，当然也有时候需要放弃。当我们走到山穷水尽的路途上的时候，我们需要转过去寻找另一条路，而不是死死地盯着那条路；当我们被生活的琐碎缠绕得无力反抗的时候，我们应该试着去放开一些东西，而不是紧紧地抓住生命中的每一样东西，而让自己的心灵负重太多。生活有时候需要清扫一下垃圾，而心灵有时候也需要呼吸一下新鲜的空气。因为我们的生命只有在自由的空间里，在干净的空气中才能畅快淋漓。

1. 人生需要一种豁达

人生是一场艰难的旅途，在这趟旅途中我们可能会遇到很多不如意，也会遇到很多的挫折。但是无论如何，路还是要我们自己走下去，那些挫折和不如意也还是要我们承受。所以，既然无从逃避，那么我们就要去学会真诚地面对人生路上的种种不顺，以一颗豁达坚韧的心去迎接那些人生途中的考验，让自己在考验中收获幸福，体味人生的哲理。

有人说："乐观豁达的人，能把平凡的日子变得富有情趣，能把沉重的生活变得轻松活泼，能把苦难的光阴变得甜美珍贵，能把繁琐的事项变得简单可行。人的心态变得积极，就会改变自己的命运，世界也会随之而精彩。"这就是说，一个人要想自己的日子变得富有情趣，要想将沉重的生活变得轻松，要想把苦难的光阴变得甜美，并且将繁琐的事项变得简单可行，并不是没有可能的，而产生这个变化的关键就在于自己的内心以及自己的心态。只要我们拥有豁达乐观的心态，那么即使是在地狱我们依旧可以看到天堂，即使身在黑暗的世界也依旧可以内心充满光明。也就是说，我们的人生需要一种乐观，生命更是需要一种豁达。

比尔·盖茨曾经说过："没有豁达就没有宽松。无论你取得多大的成功，无论你爬过多高的山，无论你有多少闲暇，无论你有多少美好的目标，没有宽容心，你仍然会遭受内心的痛苦。世界上最大的是海洋，比海洋更大的是天空，比天空更大的是人的胸怀。"可能我们常常也会听到这样一句话：胸怀有多大，我们的舞台就会有多大。所以说，我们的人生拥有了豁达，就拥有了宽松，拥有了宽松就有了对幸福的感悟，拥有了对幸福的感悟，那么我们也就不会离得幸福太远。

想得开，看得破，这才是豁达的人生，更是幸福的人生。其实就是因为我们想不开，看不破，才会有那么多的执念，也会有了那么多的坎坷与抱怨。人生因为想不开，看不破，才会变得困难重重。就像是一间房子，没有门也没有窗，那么只要是我们待得久了，空气也会渐渐用完，而我们的呼吸也会渐渐停止，最终窒息而死。所以我们要将自己的心敞开，心态放正，以一颗豁达的心去观看容纳这个世界上的一切，那么就算是再窄的路我们也能走下去，再大的风波也会有平息的时候。

托尔斯泰说："大多数人想改变这个世界，但却极少有人想改变自己。"所以当我们无法改变现实的时候，就尝试着改变自己吧！让自己的身体心灵变得适应这个社会上的一切，让我们能够经受住任何的风波与考验，用一种豁达的心态，大度的胸襟去面对一切去包容一切。让我们在豁达与积极中感受不一样的世界，度过不一样的人生。

心灵花园

人生需要一种豁达，生命需要一种包容。不管我们面对怎样的惊涛骇浪，将要迎接何种考验，只要我们以一份从容的心情豁达的态度去面对，那么什么样的困难以及考验都会变得不堪一击。

2. 不要被小事纠缠

人生有时候总是让我们始料不及，有时候一件小事也可以让我们眉头紧皱，让我们心绪不宁，也会破坏我们的心情，甚至影响我们的幸福。所以，想要我们的人生没有那么多的忧虑，没有那么多的麻烦，我们就要避开那些小事，不要让小事纠缠自己。

可能在我们每个人的心中，总会将那些发生在自己身上或者接触到的事情自动化地分为大事、小事、急事、缓事这些类别。但是不可否认，如果在一段时间内，我们被那些小事所包围，那么我们就会感觉到很大的压力，相反如果我们手头只是一两件大事，那么我们就会有计划有安排地去做，而不是天天被那些小事搅得无法安睡。如果生活真的被那些小事所缠绕，那么可以想象，我们的生活无疑就像是一场又一场紧急事故的处理，毕竟我们的精力是有限的，如果每天都要处理那些突发事件，并且还是每秒都有可能发生的事，久而久之，不知道我们是否还能承受得了。

可能在我们的生活中，到处都是琐碎的小事，而我们也总是被那些小事搅得心神不宁。例如没有恋爱的人们总害怕找不到自己的另一半；恋爱的人们总担心自己买不起房子，掏不起首付款；结了婚的夫妻总是觉得生活很无望，没有一点刺激；而有了孩子的父母也总是担心自己的孩子不成器；年老的人们也总是忧虑自己的养老问题……这些小事似乎可以缠绕我们的一生，似乎每一个年龄阶段都有一些事情让我们过得不如意。但这是谁的错呢？生活不景气的家庭，妻子总是抱怨丈夫没本事，赚不到钱，看着别人住着大房子，开着豪华的小轿车只能干羡慕；孩子读书不争气的家庭，不是丈夫怨妻子没有把孩子教好，就是妻子怨丈夫智商太低，遗传给了自己的孩子……这样一个个家庭总是天天在彼此怨恨中度过，被那些鸡毛蒜皮的小事牵着鼻子走，更是时不时地从家里面传来吵闹声以及摔碎东西的声音。想一想这样的家庭，到底是谁的错？他们一点都不向往幸福的生活吗？

不，他们也希望自己的家庭幸福，生活美满，不然他们为什么要组建家庭，难道仅仅是为了延续香火，传宗接代？在每个人的心中都有一颗向往幸福的种子，但是这颗种子必须要有爱心的浇灌才能生根发芽，不然就会枯死在我们的心中。其实在我们的生活中碰到这些小事，如果我们能以一颗包容与理解的心去对待彼此，多在自己的身上找毛病，而不是将矛头直接指向对方，那么我们的生活可能会比现在过得美满，而幸福也不是遥遥无期。但是相反的，如果我们总是在小事上过于纠缠，让自己被那些小事所牵绊，那么就算是幸福的生活也会慢慢掺入一些杂质，而最终也会变质。

有这样一对夫妻，在结婚前两个人总是亲亲蜜蜜，感情非常好，但是结婚后却是一反常态，总是争吵不断。他们身边的亲友百思不得其解，后来才知道小俩口结婚后本来和和美美，但是就因为一件小事而让彼此陷入冷战中。

妻子喜欢打牌，因为本身没有工作，平时又闲得慌，所以，就拿打牌来作为消遣。其实没事打打牌也没有什么，但是好像妻子打牌上了瘾，总是在丈夫下班的时候还没有回家，当然也没有准备好晚餐。夫妻二人刚开始的时候对这件事情还可以协调，但是久而久之，妻子的行为引起了丈夫的极度不满，因为妻子不管丈夫的叮嘱，依旧总是因为打牌而忘记做晚餐。

后来妻子的行为终于惹恼了自己的丈夫。有一次妻子因为打牌晚归后，被自己的丈夫训斥了一顿，当然也是因为这顿训斥，让原本恩爱的新婚夫妇的感情处于冷战之中，好几个月都不讲话，并且只要讲话就是争吵。

故事中的这对夫妻，因为打牌而让自己的婚姻陷入危机之中，在我们看来，这是多么让人不能理解的一件事情，就因为这一件小事怎么可能会影响两个人的感情呢？但是事实确实如此，在我们的感情生活中往往是那些小事影响着我们的感情，左右着我们的生活，因为生活都是由小事组成的，所以我们就不可避免的会被小事纠缠。可是要知道虽然我们无法避免那些小事，但是我们却可以选择不被小事纠缠。就像故事中的这对夫妻，如果他们能够相互理解彼此，能够原谅对方，能够多为对方考虑，那么他们也不会被小事所纠缠，也不会让自己的感情面临危机。

虽然我们不能避免小事在我们生活中出现，但是我们可以避免让小事纠缠自己。把自己的心放大，把自己的心放宽，在与人相处中、在自己的人生中学会理解，学会包容、学会豁达，躲开那些无足轻重的小事的纠缠，也避开那些小事给我们布下的陷阱，那样我们的人生就会更美好。

心灵花园

幸福的生活是可以将人生中的那些大事处理得井井有条，也可以将人生中的那些小事照顾得圆圆满满。不要去忽视人生中的那些小事，因为有时候它们很可能就是我们幸福生活的蚁穴，会将我们的整个生活摧毁，所以在人生中宁愿陷入泥坑中，也不要陷入小事的纠缠之中。

3. 忍让，让你的路越走越宽

人生在世，每个人都有自己的秉性和棱角，对事情也有自己的看法和行动。所以在生活中，如果我们学会了忍让，也就避开了别人的棱角，也就学会了一份理解与包容，那么我们的生活也就会通畅很多，而我们人生的道路也会越走越宽。

在我们的人生途中，会遇到很多的事，这时候就需要我们的忍让。会听到很多话，也需要我们去忍；当然还会有很多的气愤，需要我们去忍；或者还有很多的苦楚，更需要我们去忍。如果说人生就是一场忍让的戏，海阔天空也不为过。但是至于如何演好这场戏，也就是我们应该去体会去学习的生活。

有人说，忍让是一种眼光，也是一种胸怀；也有人说，忍让是一种领悟，也是一种人生的技巧；其实忍让更是一种人生的智慧。在这个大千世界中，在这个人们的生活节奏越来越快的社会中，有了眼光和胸怀、领悟与技巧还是远远不够的，更需要一种生存的智慧，将那些眼光与胸怀，所有的人生经验积聚起来，形成一种处世的哲学，这样我们的人生之路才会走得更加舒心通畅。

古人云："忍一时风平浪静，退一步海阔天空。"在生活中，虽然有时候我们需要迎难而上的坚强与勇气，但是很多时候我们也需要适当地退后与忍让，在忍让中化被动为主动，然后为我们的人生之路拓展更广阔的天地。可能我们有时候会想，忍让其实是一种变相的懦弱，只是为自己的懦弱找了一个冠冕堂皇的借口，让自己更容易接受而已。其实这样的想法也是可以理解的,因为忍让有时候真的会让自己在别人面前显得有点低微,让我们的自尊心受挫。但是要知道,人生之路很长也很坎坷,如果我们一直迎难而上,一直昂头挺胸,那么总会有那么一两个棱角会把我们碰得头破血流,有时候甚至会因为失血过多而面临死亡。忍让一时,退后一步,其实并不是真的懦弱与畏缩,那是一种积蓄力量与等待时机。一个有智慧的人是不会将自己推到风口浪尖上的,也更不会拿自己的生命开玩笑,他们懂得审时度势,懂得隐忍而后发。

我们都知道,在楚汉相争时,刘邦面对咄咄逼人的楚霸王项羽,采取了以退为进、保全自己的做法。在鸿门宴上,知道自己身处险境,所以刘邦对项羽是极力逢迎,百般讨好。因为他深刻地知道,如果此时不适当地退后一步,那么就难以保全自己的性命,顺利逃过这一劫难。也正是刘邦的这一忍让和退步,才为他后来的发展和壮大赢得了时机,所以才会有他后来垓下围困住项羽,统一天下的举动。由此可见,忍让一时,退后一步,并不是胆小和懦弱,也不会是畏缩与逃避,而是一种智慧,是一种生存的哲学。试想,在我们的生活中,如果我们处于势单力薄的状态,那么我们不妨暂时忍一下、退一步,然后积蓄力量,以退为进。

其实忍让,也是一种海纳百川的修为。人生在世,与别人的争吵的事实在是太多,只要牵扯到利益,有些人就要引发与别人的战争。但是当然也有的人面对利益的争夺,他们能够做到适时的让步,化干戈为玉帛。

蔺相如因为"完璧归赵"有功而被封为上卿,位在廉颇之上。廉颇很不服气,扬言要当面羞辱蔺相如。蔺相如在得知后,尽量回避、容让,常常称病不上朝,不跟廉颇争位。有时蔺相如坐车外出,碰见廉颇就赶紧避开。蔺相如的门客以为他胆小怕事,畏惧廉颇,然而蔺相如说:"秦王那么厉害,我都不怕,难道还怕廉颇?我考虑,强大的秦国之所以不入侵赵国，是因为有我和廉将军在。如今二虎相斗，必有一伤，势必削弱抵御外敌的力量。我对廉将军容忍、退让，是把国家的危难放在前面，把个人的私仇放在后面啊！"这话传到廉颇耳中，廉颇觉得很惭愧，便袒衣露体，负荆登门请罪。说："我粗野低贱，志量浅狭，开罪于相国，相国能如此宽容，我死不足以赎罪。"于是将相重归于好，成了生死之交。

　　这就是我们耳熟能详的"负荆请罪"的故事，在别人的眼里蔺相如或许是软弱，但是又有谁知道蔺相如的退后一步，是因为顾虑到国家的利益呢？为了国家他宁愿躲开廉颇绕道儿走，为了国家他宁愿让别人以为他胆小如鼠，遭人误会。当然他宽阔的胸襟最终也化解了他与廉颇之间的矛盾，并且成就了一段将相和的佳话，从而也保证了赵国的太平。

　　可能我们会说这是国家大事，如果一个身居显位的人连这点胸襟也没有，那么他如何有资格坐上那个位子。话虽如此，但是我们可以想象，在历史上还不是有很多身居显位的人不懂得忍让，让自己的情绪以及私欲左右着国家的命运。所以，忍让与胸怀并不关乎身处怎样的位子，它关乎的是一个人的觉悟与修为。

　　在我们的人生路上，如果我们懂得适时的忍让与隐忍，那么我们与别人之间的关系将会更和谐；如果我们懂得忍让，那么我们的人生之路也会越走越宽，生活也会越来越美好。

心灵花园

　　学会忍让，不要让自己陷入争斗的谜团中不能自拔；学会忍让，不要将自己的生命埋葬在愤怒的圈圈中。人生有了忍让，生命才会更加充满力量，而我们的生活也会在忍让的保护下散发更加明亮的光芒。

4. 用宽容去面对讽刺与讥笑

生活就像是一个大染缸一样，什么样的颜色都有。在我们的人生途中，难免会遇到挫折，会跌到人生的低谷，会遭到别人的讥笑与讽刺。这时候，如果我们用宽容去面对讽刺与讥笑，以一颗包容的心去对待所发生的事情，那么我们可能会有意想不到的收获。

马克·吐温说："紫罗兰把它的香气留在那踩扁了它的脚踝上，这就是宽恕。"可能在我们的人生途中会面临种种困难，也会遭遇种种挫折，有时候更会遭遇讽刺与讥笑，让自己的自尊心被狠狠地践踏，如果真的遭遇了这些，那么我们应该怎样去面对？怎样去处理呢？曾记得一位哲人说过：天空收容每一片云彩，不论其美丑，故天空广阔无比；高山收容每一块岩石，不论其大小，故高山雄伟壮观；大海收容每一朵浪花，不论其清浊，故大海浩瀚无比。也就是说如果我们能够以天空、高山、大海的胸怀去收容那些令我们不快的东西，不论美丑、大小、清浊，只要我们能去收容，那么它们都会让我们的生命变得广阔、雄壮甚至浩瀚无比。要知道这个世界因为有宽容才会衍生出更多的道路与脚步，而我们每个人也会因为有宽容而将脚步放得更加轻快，生活也更加美好。

可能在我们的生活中，处处都可以看到宽容的身影、听到宽容的脚步声。要知道，宽容就像是人世间的润滑剂，能将我们紧绷吱吱作响的生活这根弦变得开始放松并且正常运转，演奏出和谐美好的人生交响曲。

故事发生在经济大萧条时期的美国。

萝莉小姐好不容易找到了一份在一家高级珠宝店当售货员的工作。就在圣诞节的前一天，店里来了一位三十岁左右的男顾客，他虽然穿着很整齐干净，看上去很有修养，但很明显，这也是一个遭受失业打击的不幸的人。

　　此时店里只有萝莉一个人，其他几个职员刚刚出去。萝莉向他打招呼时，男子不自然地笑了一下，目光从萝莉的脸上慌忙躲闪开，仿佛在说：你不用理我，我只是来看看。

　　这时，电话铃响了。萝莉去接电话，一不小心，将摆在柜台的盘子碰翻了，盘中有6枚精美绝伦的金耳环掉在了地上。萝莉慌忙弯腰去捡。可她捡回了5枚以后，却怎么也找不到第6枚。当她抬起头时，看到那位男子正向门口走去，顿时，她明白了那第6枚耳环在哪里。

　　当男子的手将要触及门把手时，萝莉柔声叫道："等一下，先生。"

　　那男子转过身来，两个人相视无言，足足有一分钟。萝莉的心在狂跳不止，心想，他要是粗鲁我该怎么办？他会不会……

　　"什么事？"他终于开口说道。

　　萝莉极力控制住心跳，鼓足勇气，说道："先生，今天是我第一次上班，你知道，现在找份工作多么不容易，能不能……"

　　男子用极不自然的眼光长久地审视着她，然后听到这个男子说："小姐，你是笨蛋吗？你第一天上班跟我有什么关系，你工作的不容易也好像跟我的停顿没有任何的关联吧！"萝莉愣了一下，一时不知道该怎么办才好。过了一阵，她说道："先生，其实我知道现在经济不景气，但是一切都会好起来的，请您给我的工作一个机会。"

　　只见那个男的也沉默不语，他看着萝莉真挚诚恳的眼神，突然一丝微笑在他脸上浮现出来。萝莉终于也平静下来，她也微笑着看他，两人就像老朋友见面似的那样亲切自然。

　　"是的，的确如此。"男子脸上的肌肉颤动了一下，回答，"但是我能肯定，你在这里会干下去，而且会很出色。"

　　停了一下，他向她走去，并把手伸给她："我可以为你祝福吗？"

　　紧紧地握完手后，他转身缓缓地走出店门。

萝莉小姐目送着他的身影在门外消失，转身走回柜台，把手中的第6枚耳环放回原处。她的眼睛有些潮湿，她心里想：上帝呀，这些日子赶快过去，让大家都好起来吧。

面对那个先生的行为和之后的讽刺，萝莉没有跟他进行争辩，而是以一颗理解的心去跟他交谈，最终保住了自己的工作，也让那个男人有所顿悟。理解，宽容，以人心打动人心，这是聪明善良的萝莉小姐找到的最好的解决问题的方法。试想，如果萝莉小姐当时惊慌失措报警或者大吵大嚷，那么可能结果就没有这么完美了。

上苍给了我们生命，当我们走到人生尽头的时候，想一想我们能够留下的会是什么呢？而我们留给别人的又会是什么呢？生命中的那些争夺，生活中的那些讽刺还有创伤是不是真的像是扎在自己心中的根一样，连生命不在了还依然存活在我们的心中呢？不，答案是否定的，那些我们极力保护着的尊严与那些充斥在生命中的讽刺与讥笑都会随着生命的消失而最终不见。所以，人生何必执著，为什么不去忘却？

学会宽容别人，同样也是宽恕自己，让我们在宽容中畅快自己的心灵，让自己的人生之路越走越宽，让我们用宽容去挑战那些讽刺与讥笑以及生命中的种种不快，如果做到了这些，那么我们生命中美丽的日子还会少吗？

心灵花园

有了宽容，人生也就少了一些负担，而心灵也就少了一些责难；有了宽容，狭窄的道路也就不会那么难走，而人生也就没有了那么多的抱怨与愤恨。让爱多一点，让恨少一点，让宽容充盈我们的整个世界，那么我们的生命也就到处是鸟语花香。

5. 压力一除，折磨全无

人，有时候避免不了灰心丧气，也有时候可能觉得身上的担子太重，让自己无法呼吸。这时候我们总想着如何去放松自己的心情，缓解自己的压力，排除外界的干扰，但是我们不知道，其实我们的担子是自己压上去的，压力也是自己给的，如果我们能够看清看透，那么压力也会自然而然地解除了。

人生活在这个社会中，就要担当一定的角色，承担一定的责任。在家里，你可能是孩子的父母，你需要教育自己的孩子，关注他们的成长；你也可能是妻子的丈夫或者是丈夫的妻子，你需要去爱自己的爱人，并且要么赚钱养家糊口，要么持家料理家务；或许你还是年迈的父母的孩子，你要去照顾他们的身体以及为他们养老；在公司，你可能是上司的下属，你需要去努力完成自己的工作；你也有可能是下属的上司，你需要安排好他们的工作，关注他们的心理，并且时时考虑如何让他们人尽其才，为公司带来更大的效益……在这个社会上，一个人往往同时要扮演好几个角色，当然在各种角色的要求下，时不时地也会感到无形的压力与疲惫，特别是在一个角色扮演不好的时候。

可能我们有时候会想会抱怨，人这一生短短几十年，怎么就有那么多的烦心事呢？孩子不好好读书，在学校跟人打架，还要叫家长去处理；妻子跟自己的父母闹脾气，弄得天翻地覆，让自己左右为难；有一项工作没有做好，挨了上司的批评，不仅要重做还要写下保证书，如果下次没做好就要卷铺盖走人……这究竟是什么世道？是什么生活？什么时候才是个尽头？是啊，人这一生，总是会被这些大大小小的事情缠绕着，也被这些事情摆弄着，但这就是人生，这也就是生活，我们谁也逃避不了。

面对生活中的这些琐碎，我们有时候就会感觉到似乎有一道无形的压力，压得我们无法喘息，也无法动弹。但是我们也可能看到这样一种现象：有些人似乎就像生活中没有任何的烦恼一样，每天看上去都开开心心的，轻轻松松的，眼里没有任何的疲倦，身心也健康得不得了。这究竟是怎么一回事呢？

这就是人生的态度不同带来的不同的后果。其实每个人都一样，都有烦恼，都有自己要处理的事情，都有自己的哀伤。但是有些人懂得如何去处理那些事情，懂得如何让自己在最轻松的状态下做那些事情，懂得如何去缓解生活中的压力，所以他们活得轻松、活得畅快，当然也就没有了疲惫。有些人不懂得如何去释放自己，让自己轻松，而是随着时间的推移以及事情的堆积而让自己心灵的包袱越来越重，所以才会一直疲倦下去，直到被压力压垮，损耗掉自己的生命。所以，在我们的人生中一定要懂得如何去缓解自己的压力，如何去释放自己的灵魂。那么就让我们来学学缓解自己压力的招数：

第一招：改变生活习惯，合理放纵自己

如果觉得生活和工作逼迫自己，让我们感到极度的懊恼、甚至无法呼吸，那么就在周末找个发泄的通道。我们可以在晚上通宵玩游戏，或者上网找人聊天、到迪厅狂舞，或者睡足24小时，连续看完12集的电视剧。

在周日醒来时，如果觉得前一天真痛快，那么记住"少吃多滋味"，工作满五天，下个周末再玩。如果发现肆意放纵自己的生活不过如此，那么更要记得明天乖乖去上班。

第二招：拥有一个美丽人生

当我们感到灰心失意，需要别人以及自己的赞赏和认可。也许在工作上一时提高不了成绩，但是我们至少可以尝试从改变形象中获取赞扬和信心。这时候我们可以选择去购物,买几件新衣服,然后穿得干净整齐去工作,让心情也明快起来。

第三招:适当的运动调整

如果感到压抑,那么就不要再懒懒地坐在那里叹息,让自己运动起来。运动是调整心态非常好的方法,试过就知道。尤其是一些简单的运动,可以帮助我们发泄精力,同时也让我们产生一种很强的成就感。

第四招:尝试着放松休息

有时候可能觉得自己的生活单调无味,整天在家和单位来回往返。这时候我们可以在下班后不要急着回家,可以在茶坊、咖啡店、甚至酒吧泡一会,感受一种不同的生活气氛,借机审视自己的心情,为明天的工作好好调整心态。

也可以外出旅游,在旅途中感受广阔的天地与美丽的风景。那么我们就会感觉到其实没有什么烦恼是解决不了的,困难也不是那么难以克服的。

第五招:让自己经常笑起来

笑容是一个人心情的代表。如果我们整天板着个脸,那么再好的心情也就被破坏了,再轻松的事情也会感觉到很烦恼。所以,让自己经常微笑,不管是在心情好的时候还是感觉到郁闷的时候,只要笑起来,那么大脑也会接受到信号,也会变得积极起来。

通过以上的一些方法,我们可以试着缓除自己的压力,让自己从外部到内部放松起来,那么我们的心灵也就不会有那么沉重的担子,而心情也会慢慢变得美好。

心灵花园

有时候,人生中的种种就像是一道道无形的负重压着我们,让我们的呼吸以及心灵感觉到不畅。但是如果我们能够看开那些事,用一种轻松的心态去面对生活中的种种，那么我们也会感到心旷神怡、轻松无比。

6. 不要时刻要求自己做圣人

每个人都有适应这个社会的方式，也有自己为人处世的一套方法。当然每个人也有自己的不足以及缺点，也就会说一些错话，并且做错一些事，其实这些都是正常的，我们不能要求自己时刻都做圣人，毕竟在平凡的生活中我们才会感觉到更多的幸福与温馨。

常常听到有人抱怨自己这个做得不好、那个做得不好；也常常听到有人叹息如果怎么样怎么样就好了，如果自己是谁就好了……似乎这些话语就一直充斥着我们的生活，也缠绕着我们的生命。但是我们都知道自己的生命无从选择，有很多事情一出现，便已经注定，即使知道，但是还是有很多人总是执迷于那些自己不可能实现的事情上，也因为那些所谓的想法放弃掉自己幸福的人生。

其实生命有时候平凡就是美丽，人生有时候平凡也就是幸福，我们没有必要那么去苛求自己，也没有必要去做那些别人眼中的圣人。我们偶尔也应该容忍自己去犯错，偶尔也应该允许自己任性一次，当然偶尔也可以包容一下自己的自私，把自己看做一个平凡无奇的人，把对自己的要求降到最低，享受一下真正的生活，也不是未尝不可的。

有时候要求过多，压力也会越大。在我们的生活中往往就是因为我们对自己的要求太过于高，对自己的期望太大，所以才会在没有达到自己的要求跟目标的时候显得那么的伤心和失落，甚至有时候会感觉到绝望，对生活失去信心。其实我们应该想想，自己毕竟不是圣人，就算是圣人也会有犯错的时候，也会有做不到的事情，为什么要把对自己的要求定得那么高，又为什么要让自己承受那么多的压力，弄得那么累？所以，人生偶尔是需要犯错的，因为那些犯错，我们才会体会到自己正确以后的成就，而有些犯错，可能也会给我们带来意想不到的惊喜。

有这样的一个故事：有一名从名校毕业的大学生，进入了一家外企公司做营销，她长得很漂亮，并且工作也很认真、很负责，当然能力也很强，所以很受公司领导的器重。可能在我们的眼里她的工作应该是没有什么让她自己不满意的，她的人生也应该过得很轻松。但是事实恰恰不是这样的。

在工作中，她是一个很负责，也对自己的要求很苛刻的人，当然在另一种意义上说就是喜欢追求完美。营销这方面是她的专长，也是她最感兴趣的部分，也为公司做了很多的业绩。但是有一次，本来跟一个客户约好了看产品，可是由于她生病的原因，没有及时的到达相约的地点，虽然说她已经尽量赶过去了，但还是晚了一步，所以那个客户也因为她的爽约而决定不再看他们公司的产品。对于这件事情，她感觉到很受挫，所以就主动到上司那里说出自己的错误，并且想引咎辞职。虽然上司劝告再三，她还是决定离开。在辞职后，有一段时间，她因为这件事情而萎靡不振，并且情绪很不好，因为在她工作以来这是她第一次犯错误，以前对于任何一个任务她都是做到尽善尽美，不允许自己犯一点错误，所以对于这次的事情她很难释怀，也很难看得开，当然对于找下一份工作她也变得很不自信。

不仅在工作中是这样，在生活中她也是如此，什么事情都想追求完美，即使是对自己的恋人也是如此。她有一个谈了半年的男朋友，半年的时间应该还是两个人处于热恋的时候，但是他们两个人的感情却没有我们想象中的那么好。这并不是说他们不喜欢彼此，也不是不想真的一直谈下去，而是他们无法适应彼此。她喜欢追求浪漫，当然更喜欢追求完美，对于任何一场约会，她都要算计好每一步，算准什么时间内要做的事情，然后一步步的去实施，不允许有一丝的差错。刚开始的时候，她男朋友觉得她很有个性，也很负责，但是久而久之，他就感觉到枯燥与不耐烦，因为他觉得生活中的一些事情没有必要算计得那么准，也没必要那么追求完美，两个人也因为做事的方式以及一些生活习惯的不同而开始争吵，并且渐行渐远……

看了这个故事，我们可能会有所感悟，故事中的女孩为什么要对自己那么要求完美？那么苛求自己把任何一件事情都做得那么好？要知道，我们只是平凡的人，在我们的工作中有时候犯错是难免的，并且很多时候的犯错也并不是我们自己一个人的原因，我们为什么要把所有的责任都揽在自己的身上？并且不知道变通，不知道原谅自己，对自己那么苛求？这样我们难道不会感觉到累，不是少了很多的快乐与幸福吗？

我们都知道，很多人在做事之前都希望自己设计出一套完美的方案，希望自己做得完美，当然这是无可厚非的，但是并不是所有的事情都会像我们想象中的那么完美，因为很多事情的发生都是我们无法预测的。所以不能要求自己做一个圣人，不论是在生活中还是工作中，做一个平凡的人，有时候未尝不是一件好事，可能那样我们也会得到更多的幸福与欢快。

心灵花园

对自己少一点要求与期望，多一点宽容与包容；对自己少一点苛刻与强求，多一点理解与谅解，那么我们的生活也就会少一点失望与悲伤，而人生也就会多一点快乐与逍遥，所以不要去逼迫自己做圣人，允许自己去犯错，允许自己平凡，要知道，平凡也是一种幸福。

卷一：轻松心态——拂去灵魂的尘埃

7. 错误，是让人成长的动力

有人说过，犯错误乃是取得进步所必须交付的学费。在我们的生命中每个人都会犯错，而人也是在犯错中不断吸取教训慢慢长大的。所以，当我们犯了错，不要逃避，也不要气馁，因为每一次的错误都是我们成长的开始。

人这一生，要走的路遥远而迷茫，我们可能不知道会在什么时候在哪里有所停顿，也无法知道在这条路上会出现什么样的情况，毕竟这一条路过于漫长。在这条路上，不可否认的，我们可能会因为自己的无知、愚昧、任性以及种种原因而去犯一些错误，有的严重，有的轻微，有的大，有的小。但是无论是大还是小，是严重还是轻微，那毕竟是错误，是生活给予我们的，我们就应该去珍惜。

可能在我们的生活与学习中，我们一直想尽办法去避免犯错，也认为错误是我们学习生活中的大敌，总是希望在自己生活学习的过程中少犯错误，或者干脆不犯错。然而，从人类发展的轨迹来看，犯错原本就是一项无法避免的事情，不管你是圣人，还是一般的平凡之人，犯错都会缠绕我们的一生。当然也正是由于人类社会在其生活的过程中不断地犯错，才为人类的进步提供了可能。例如，当我们算错一道数学题的时候，我们可能就会去寻找算错这道题的原因；当我们做错一件事的时候，我们可能就会去思考做错这件事的原因，以及在下次的事情中避免同样的错误；当我们因为一件工具而导致工作不能进行的时候，我们可能就会去想办法改进这个工具，从而让问题得以解决。所以，正是由于我们的犯错，才让我们进一步地思考，当然有了思考有了行动，也就有了进步。

但是有时候，对于自己的犯错，很多人都不能去正视自己，也不能去正确的面对那些错误，只是一味地选择逃避与沉沦，对自己以前的某个错误耿耿于怀，并且迟迟不肯原谅自己。这到底是什么原因呢？可能原因会很简单，那就是因为我们为那件事已经付出了一定的代价，有了很多的伤痛，才会一直耿耿于怀。但是我们要想清楚，不原谅自己又能如何呢？要知道付出的代价不可能再收回，但是我们的心情是可以回转的，我们的教训是可以吸取的，那么同样的事情我们在下次遇到时也就可以避免再次出现错误了，我们要学会在错误中成长，在错误中懂得人生，理解生命的真谛。

陆青青进入公司刚刚一年，因为表现优秀，很受领导器重。她也暗下决心一定要做出成绩来。一次，上级领导要她负责一个企划案，为一个重要的会议做准备，还透露说如果这次企划案能赢得客户的认可，她将有可能被调到总公司负责更重要的职务。对陆青青来说，这是个难得的好机会。她非常卖力，每天都熬夜准备这份企划案。

可是，到了会议的那天，陆青青由于过度紧张，出现了身体不适，脑子一片混乱，甚至没有带全准备好的资料，发言的时候词不达意，几次中断。会议的结果可想而知……会议结束后，她一直待在会议室，等待上司领导的"教训"，但是出乎意料的是，领导并没有像她想象中的一样批评她，而是给了她这样的一句话：没关系，每个人都会犯错，下次再努力就行。

虽然听着领导的这句话，她的心里有了一点点好受，但是她还是无法原谅自己。在很长一段时间里她的生活很糟糕，工作也是，心情更是。但是她觉得不能一直这样下去，所以她选择了从哪里跌倒就从哪里爬起来。她觉得自己上次的失误是因为自己心态的不好，面对重大场面过于紧张，所以，在以后的工作中她就一直锻炼自己的心态，最终工夫不负有心人，在以后的工作中即使是遇到像上次那样的大事她也能得心应手，做得很好，不会再紧张，也再没有出状况。当然她的事业也是蒸蒸日上。跟朋友回忆起她的工作生涯，她总是很感慨地说："感谢那次的错误，是那次的错误让我一下子变得成熟。"

其实，在我们的工作生活中，可能会有很多人跟陆青青一样，犯过这样或那样的错误，并且也会因为自己的错误而懊恼而失落。但是我们不要忘了，在我们的人生路上每个人都会犯错，在犯错之后如果我们一直沉沦于悲伤与自卑之中而不能自拔，那么那些错误也会像鬼魅一样追随我们一辈子。但是如果我们选择在错误中吸取经验，并且站立起来，找出问题的症结，并努力去克服，那么，我们在错误中就会有新的收获，并且以后的人生路途也会顺畅很多。

所以，勇敢地去拥抱那些错误吧！因为它们是我们成长的动力，也是我们生活丰富多彩，事业蒸蒸日上的有效源泉。

心灵花园

不要去逃避，也不要去唾弃那些存在于我们生活与工作中的错误，勇敢地去面对它们，迎接它们。因为每一次的错误就是对人生的一次感悟，对工作的一次改进的机会，只要抓住了这些机会，那么，我们的人生之路也就不再那么坎坷与艰难。

8. 幸福往往就在不起眼的地方

人们往往费尽心思去寻找幸福，可是当幸福在身边的时候，却抛掉了那根幸福的线头，因为它太不起眼。在我们的生活中总有一些不起眼的地方，并且人们也往往不去注意，不去关心，甚至忽视，但通常就是在这些不起眼的地方，会绽放出生命的光彩，也往往是我们离幸福最近的地方。

在这个世界上，有很多事情在我们看来似乎就是一种悲哀。就像那夜空中的星辰，总是只能在没有云朵的干净的晚上才能散发出自己耀眼的光芒，得到人们的赞叹与欣赏，但是在有云或者有雾的夜晚，它们就只能躲在云朵里，躲在雾里，孤芳自赏。它们的命运没有掌握在自己的手中，而是在天空的气象的手中；美丽的昙花，孕育了那么久，奋斗了那么久，只能在某个夜晚的一瞬间绽放，在人们没来得及赞叹的时候就凋落，化为了泥土。

可能在我们的眼里，这真的是一种悲哀，自己的生命、自己的美丽，自己不能掌控、不能呵护，但是我们可能不知，也许在星辰与昙花的心里，它们已经觉得很幸福了，因为生命只要有那么一瞬间的或者偶尔的灿烂，那么它们就是幸福的，也是满足的，它们为了自己的一次绽放、一次耀眼，不停地努力不停地奋斗，那么它们就体会到了幸福，体会到了满足，那么它们生命也充满了意义。其实，在这个大千世界中不止是星辰和昙花，自然界的种种生物也在用自己的行动证明着它们的幸福，它们的快乐，以及生命的价值。它们生命的意义，获取幸福的途径不是做了多少伟大的事情，也不是发明了哪个能够促进历史进步的机器，它们的幸福与快乐就在那最不起眼的地方，也在那些生存的琐事中，它们懂得满足，懂得如何去幸福。而人类相较于它们，虽说一直在追寻幸福，用各种手段各种方式，但是似乎是追寻幸福的脚步太慢，还是因为别的原因，人们总是在幸福边缘徘徊，甚至有时候与幸福擦肩而过。

卡耐基说过，人性最可怜的就是：我们总是梦想着天边的一座奇妙的玫瑰园，而不去欣赏今天就开在我们窗口的玫瑰。在当今这个社会，不知道是因为生活节奏太快，还是压力太大，有太多的人似乎陷入了一种"不幸福"的状态：他们工作不幸福，生活不幸福；有钱不幸福，没钱也不幸福；成了家不幸福，没成家也不幸福……到底是幸福离我们远去了，还是我们抛弃了幸福，主动地远离了它？

有这样一个寓言小故事：话说有一只小老鼠在拼命地奔跑。乌鸦看见了，就问它："小老鼠，你为啥跑得那么急？歇歇脚吧。"

"我不能停，我要看看这条道的尽头是个啥模样。"小老鼠回答，继续奔跑着。

一会儿，乌龟看见了就问它："小老鼠你为啥跑得这么急呀？晒晒太阳吧。"

小老鼠依旧回答说："不行呀，我急着去路的尽头，看看那里是个啥模样。"

一路上，问答反复着，小老鼠也从来没有停歇过，而是一心想到达终点。直到有一天，它猛然撞到了路尽头的一棵大树桩上，才停下来。

"原来路的尽头就是这棵树桩！"小老鼠喟叹道。更令它懊丧的是，它发现此时的自己已经老迈："早知这样，就该好好享受那沿途的风景，如果那样，生活该多美啊……"

可能在我们的人生中有很多人就像是故事中的小老鼠一样，为了自己能够升职，为了得到上司的赏识，夜以继日地工作着，整天步履匆匆忙忙碌碌，让自己的生活一团糟；为了得到自己心爱的女孩，费尽心思地在自己的好友那里搜寻经验讨教办法，却忽视了在自己身边的那双眼睛；为了一个个跟客户的应酬，把自己的妻子和孩子丢在家里，忘了给自己一个假期，给他们一些关心，给他们一个拥抱，最终与他们产生隔阂，甚至自己的孩子见了自己只是喊自己为叔叔……这都是些多么悲哀的事情啊！难道我们升了职，费尽心思追到了那个不爱自己的女孩，得到了客户的肯定、上司的赏识，那就是幸福了吗？不，那不是幸福，不是真正意义上的幸福，因为我们没有看到在我们得到这些后失去的是什么。

人生就是一次无法回头的旅行，我们一路走来，有很多大大小小的事情，也有很多来来往往的行人，但是从我们蹒跚学步到老态龙钟，生命中总是有那么几件事情让我们回想起来的时候嘴角溢满笑容。这些事情肯定不是上司的多少次奖赏，自己赚了多少的钱，谈了多少个项目，而可能仅仅是与爱人的第一次牵手，听见孩子的第一声啼哭，爱人的一次拥抱，或者某一次亲吻，以及在哪一次的困境中爱人以及友人对自己的鼓励与支持……就是这些不起眼的小事，很平凡的一些事情，却总能触动我们心里最柔软的那个角落，并且让我们回味一生。所以，不要去忽略那些生活中的小事，不要看不起那些不起眼的角落吧！因为往往我们追寻的幸福就在那些事情中，就在那些地方。

心灵花园

幸福其实很简单，是在那一声问候中，也是在那一些琐碎的事情中。是那冬日里站在阳台上的一缕阳光，也是在雨天突然递上来的一把雨伞。只要我们相信，只要我们拥有一双发现幸福的眼睛，那么幸福就一直在我们的身边。

9. 不要陷入攀比的泥潭

真正的富有和幸福不是吹嘘，也不是炫耀，更不是靠攀比得来的，那是源于我们自身散发出来的自信与独一无二的特征。幸福的生活，在于满足自身所拥有的，而不在于将自己置于攀比的泥潭中，时时刻刻准备着与一些人"战斗"。远离了攀比，远离了那些纷争，相信我们的心灵会获得更大的空间，并且时时可以呼吸生命中的新鲜空气。

近年来，不管是在哪里，似乎吹来了这样的一股风，并且有越吹越猛的趋势，那就是攀比之风。它浑身上下，前后左右都被那些金钱以及名声还有那些学历以及种种可以装饰人们身心的东西包裹着，举手投足间都是名牌都是财富，并时时不忘散发着一些味道，好让它传播地更远，更加深入人们的心灵。然而人们也似乎很喜欢那种味道，所以只要嗅到一点，那么他们就像是上了瘾一样，再到处去传播去散发，让这股风刮得越来越猛，风势也吹的越来越大。

可能在我们的生活中很多人都遇见过这样的情景，认识的人长时间不见，见面了很多人喜欢问的问题就那么几个："现在在干什么啊？""一月能挣多少钱啊？""一星期能休息几天啊？""存了多少钱了？""你这件衣服在哪里买的呀，好漂亮啊，不知道多少钱呢？""你的皮肤怎么这么白啊，用的什么化妆品呀？""你家的房子买在哪里呀？有多大啊？"……诸如此类。有时候我们会想，可能只是别人随口的问候，也不会去多想而直接给别人真实的答案："我还没有工作。""一个月只赚两千块钱左右。""还没有存到钱。"……但是有时候我们那些真实的语言，可能会带给自己一些始料未及的尴尬。

当我们碰到这些问题的时候，我们就应该想到，别人问这些问题的出发点以及想要得到的结果。我们都知道，每个人问别人的问题都是怀有目的的，都想要知道自己好奇的那个答案或者是满足一下自己的某种心理。如果一个人在知道别人的情况的时候，依旧在他面前问这些情况，那么目的可能就会很明确，他不是为了在那个人那里获得自己想要的信息，而是为了一种心理的满足。

这是一种病态的心理，也是一种可怕的心理，所谓：人比人，气死人。攀比这个词只要进入我们的生活，那么我们就可能会离幸福越来越远，也就会渐渐脱离快乐的轨道。

这个社会中的人，有很多种，每个人都有自己的生活方式，也有自己的生活习惯，有自己的人生路要走，我们无从去评价哪些人的生活方式生活习惯是最好的，也没有办法去说明哪些人的人生之路最好最成功。我们只要过好自己的日子，那么就是最好的生活最好的人生。但是这个道理又有多少人会懂？

陷入了攀比，我们的人生就像是陷入了一场没有输赢，只有损耗的战争。攀比，会让我们的心情一直处于一种紧绷的状态，也会让我们的情绪永远都处于一种患得患失、忐忑不安的状态。为了赢得一个羡慕的眼神，我们用自己一个月的工资去买一个名牌包包，但是在这一个月的时间里却有时候连泡面都吃不起；为了出一口气，我们常常在自己的老公面前唠叨他的没用，以及给自己带来不了好的物质享受，从而天天发动家庭战争，将自己的婚姻推到结束的边缘……为了攀比，为了那一点虚荣的心，我们努力了很久，也失去了很多，陷入那个泥潭中不能自拔，但是到最后才发现，其实自己已经为了这些没有实质意义的攀比付出了沉重的代价，甚至有些代价是自己无法承受的。

既然这样，我们为什么还要去攀比呢？怎样才能走出攀比的泥潭中呢？

首先，我们要认识到攀比给我们的生活以及心灵带来的害处。为了比别人穿更好的衣服，用更好的化妆品以及皮包，会造成我们钱财的流失，还会让我们的心灵产生巨大的压力，有时候更会让我们寝食难安，影响自己的生活与学习。

其次，我们要学会满足。满足于自己的生活，在自己的生活中拥有一颗善于发现的眼睛，找寻到生命的意义以及学会体味最真实的幸福。

最后，我们要努力向上。为自己的未来学会打拼，树立一个伟大的目标，拥有一个长远的有意义的追求，让自己的人生充实而有意义。

心灵花园

陷入了攀比，那么我们的人生也就陷入了一个深不见底的暗井，我们只会在里面呼吸稀薄的空气，在岌岌可危的环境中追求生存。所以，拒绝攀比吧！给自己的生活另一种环境，给自己的生命增加一些阳光与空气，那么我们会体会到前所未有的畅快以及满足。

卷二：

明致职场——在黑暗中点亮一盏明灯

◎ 第一章　眼疾手快，在小事中抓住机遇的尾巴
◎ 第二章　成功职场，掌握自己的命运之舟

第一章

眼疾手快，在小事中抓住机遇的尾巴

卡耐基说："一个不注意小事情的人，永远不会成就大事业。"确实如此，在我们的人生中，特别是在事业中，有时候有些机遇有些成功，往往就蕴含在那些小事中，隐藏在那些细节里。所以不要忽略职场中的那些小事，也不要做工作中的"马大哈"，更不要让那些小事成为阻碍自己迈向成功的绊脚石，而是要在那些细节那些小事中给自己创造一个广阔的舞台，也要在那些细节与小事中抓住机遇的尾巴，然后勇敢地走向成功。

1. 为自己创造一个舞台

每个人都有自己的一个梦想，每个人也希望有一个实现自己梦想的舞台。成功的人总是善于给自己创造舞台，而失败者则是往往等待着舞台走进自己的人生，出现在自己的视线范围之内。所以要想成功，要想实现自己的梦想，我们就要学会善于发现机遇，从而为自己创造一个属于自己的舞台。

在我们的人生中，很多人都在寻找属于自己的那个舞台，有的人很幸运地找到了，也在那个舞台上表演了属于自己的一场戏，当然也有的人穷其一生也没有找到那个舞台，只能在生命濒临结束的时候嗟叹后悔。可能我们会觉得，人这一生能不能找到属于自己的那个舞台也是靠运气，也是看个人的命运的，如果在我们的生命中没有那个东西，那么我们也是强求不来的。但是要知道，在这个什么事都有可能发生的年代，如果我们还是把自己的命运交到上帝的手中，听天由命，那么我们也就有点悲哀了。因为在这个社会，处处都是创造，处处也都是机遇，只要我们看得见，抓得住，那么一切就皆有可能，而我们也会有自己别样的人生舞台。

其实，在我们问自己的同时也会思考，就想想自己也对一些事情好奇，也对一些东西感兴趣，也有一些稀奇古怪的想法，但是为什么就没有把那些自己感兴趣以及好奇的事情作为一项自己的梦想来追求来努力呢？是因为我们的兴趣过于简单，我们好奇的对象过于肤浅，还是有什么别的原因呢？其实答案有时候很简单，就像人与人之间的区别一样很明显，对于自己的兴趣对于自己好奇的事情，我们常常只是停留在表面的感兴趣与好奇之上，而不是深入地去发现里面的奥妙，也不会一直花精力钻研那个兴趣本身的价值，我们总觉得成功总在那些轰轰烈烈的事情里面，而不是在自己的身边在那些小事中。所以，我们错过了自己一个个的舞台，却一直在寻找那个出现在我们视角的舞台，那个不真正属于自己的舞台。

所以，细心的去发现吧，给自己一个梦想，也给自己一个希望，然后在这个梦想的翅膀上创造一个真正属于自己的舞台，那样，我们的人生肯定就会无比精彩，而我们也不会再感到成功总是遥遥无期，梦想总是遥不可及。

心灵花园

拥有一颗发现的心，不管在什么时候，什么地方，不要去忽略那些小事，当然也不要去错过那些大事。尝试着给自己一个梦想，给自己一个奋斗的理由，那么总有一天我们也会拥有成功，也会拥有属于自己的真正的舞台。

2. 避免陷入眼高手低的泥淖

在职场中，很多时候我们都会被自己眼高手低的做法绊倒，也会因为自己的眼高手低错失很多的机遇。所以在职场中，要想不错过一些机遇，要想不被自己绊倒，我们就要避免眼高手低，要学会踏实做事，踏实做人。

可能在我们的生活中，在我们的工作中常常会听到有人这样告诫我们：做什么事情都不要眼高手低，要扎扎实实，扎实了我们才能更好地完成那些事情。听到这些话，可能我们最先想到的是反驳：自己已经够踏实了，怎么还说我们眼高手低呢？他们究竟是什么意思呢？是不是看我们不顺眼，或者是对我们有什么意见呢？其实事实并不是这样，告诫我们的那些人也并没有什么别的意思，更不是对我们有什么意见，他们只是想让我们懂得一些在职场中生存的道理，也是为了让我们在人生的道路上少走一些弯路，少遭遇一些坎坷，让我们的人生之路走得更加顺畅一些。

在职场中我们时常会见到这样一些人，他们老是抱怨老板给自己的工作太过简单，或者感觉到特别无聊，没有挑战性，他们总是想着天上掉馅饼的好事。但是真正将一些很重要的或者做起来比较费事的工作交给他们的时候，他们却变得手足无措，不知道从何处下手，更不用说能够圆满地将任务完成。这是一种在职场中典型的眼高手低的人，他们之所以是这样，其实是因为在他们的意念里根本不知道什么是踏实，什么是脚踏实地，他们找不到适合自己的位置，所以才会一直跟成功擦肩而过，从而被自己的抱怨以及不满纠缠。

一个踏实的人，他知道什么样的工作适合自己，也知道在职场中如何站稳脚跟。作为员工，他会成为老板最欣赏的员工；作为同事，也是最受欢迎的那一位；对待自己的工作，他从不会敷衍了事，更不会给自己定一个不可能实现的目标；他是最了解自己的人，也深知自己的能力，所以他从来不会给人一种眼高手低的感觉，而在他的职业生涯中，踏实与努力也是他制胜的法宝。

林西和赵阳同时被一家外企公司录取。他们同样年轻，并且同样拥有着自己的梦想，当然也是充满着干劲儿。当初在应聘的时候，考试官问跟他们一起去应聘的人：为什么要选择本公司？当时他们回答的内容五花八门，但是最让考试官满意的是林西和赵阳两个人的回答。林西说，他想在公司里面实现自己的梦想；赵阳说，他想改变公司的命运，让公司为他骄傲。当然在进了公司以后他们也在努力地履行着自己当初给自己还有给公司的承诺。

可是不管他们以前是多么的优秀，在进了公司以后他们还是遇到了很多的问题和麻烦。虽然他们两个都是名校毕业，拥有着扎实的理论基础，但是对于实践，他们毕竟还是有点生疏，所以刚进公司，他们还是从基层做起，从小事入手，他们也得给公司的前辈打下手。对于这件事情，林西觉得倒没什么，对于一件小小的事情也是干得津津有味，没有丝毫的怨言，做得井井有条。但是赵阳却不一样，对于公司的安排，对于公司对自己的不重视他充满了不满，也总是抱怨上司不给自己实际的事情来做，不能体现他的才华，总是让他一个名校毕业的高才生做端茶送水、复印资料的小事。听到赵阳的抱怨，上司于是决定给他们一个机会，让他们各自负责一个项目，然后通过这个项目来定夺他们以后要负责的工作。

在得到任务后，林西显得有点紧张，他在查阅了很多的资料，并且请教了很多的前辈后，他开始了自己的工作，每天不断地努力着。赵阳在接到任务后跟林西的表现完全不同，他高兴得手舞足蹈，并且告诉自己的亲友同事，自己终于有大显身手的机会，于是他也按照自己的想法每天进行着自己的任务。

过了半个月，结果出来了，林西圆满地完成了自己的任务，但是让大家跌破眼镜的是赵阳并没有像大家想象的那样完成自己的任务，也没有他自己吹嘘的那样什么都会，能够挑战高难度，他失败了。当然，经过这件事情上司对他的能力也产生了怀疑，对他所说的话也是将信将疑，但是赵阳还是不知道改进自己，也没有做任何的检讨，还是抱怨老板不器重自己，让自己没有改变公司命运的机会，也不给自己让公司骄傲的机会。相反的，林西因为上次的事情得到了上司的重用，但是他还是踏实做事，没有任何的抱怨，一直在为自己的理想努力着……

故事中的林西和赵阳，本来有着同样的机会，也处在同样的高度，但是经过一个项目的考验，却走上了不同的人生道路。故事中的赵阳，眼高手低，总是把自己看得过高，也总是想着改变公司的命运，可是他不知道其实他连自己的命运都掌握不了。故事中的林西，懂得什么叫做踏实，应该怎样去做事，所以他得到了上司的重用，也慢慢在扎实的工作中实现着自己的理想。

所以，在职场中我们千万不能像故事中的赵阳一样眼高手低，也不要像他一样找不准适合自己的位置。我们要懂得脚踏实地，不要轻看任何一件事情，也不要小看任何一件小事，踏踏实实，认认真真地去做任何一件事情，相信我们在职场中会收获更多。

心灵花园

在职场中我们要做个踏实的人，千万不要眼高手低，也不要对自己的期望过高，当然，这并不是说我们不可以树立远大的理想，而是应该在树立了理想后要脚踏实地的去做，努力完成自己的目标。

3. 不做工作中的"马大哈"

在工作中总有那么一些琐事牵绊着我们，也总有那么一些小事让我们一直犯错。但是这是不是不能避免呢？难道我们就只能在工作中做"马大哈"吗？不，一个人的行动是自己可以掌握的，只要我们改掉那些粗心的习惯，那么我们就不是职场中的那个"马大哈"。

"马大哈"这个词对我们来说已经不新潮了，似乎从小学开始，老师以及父母就在我们的耳边说着：你细心一点呀！不要像个"马大哈"一样啊。这个错题就是因为你粗心才出现的，真是个不折不扣的"马大哈"……如此的等等。似乎"马大哈"这个词一直伴随着我们童年、少年，这个词里面也包含了我们年幼的时候父母以及老师给予我们的谆谆教诲以及疼爱。但是到我们变得成熟、长大了也就不会有人再用这个词来教诲我们了，这个词似乎也离我们远去了。自己粗心犯了错，不再是老师与家长的耳提面命，而是上司的直接批评或者干脆炒鱿鱼，可能某时候我们会想念这个词，因为那样的称呼会让我们心里有一些温暖。既然那些教诲与疼爱在我们的职场中已经不适用了、找不到了，那么我们就应该丢掉那个"马大哈"，不能让它成为我们职场中的绊脚石。

可能在我们的工作中总有那么一些事，太过繁杂也太过琐碎，做的时候感觉枯燥麻烦，不做又不行。遇到这些事我们一般会采取敷衍了事的做法，因为它们是小事，是琐事，在我们的意念里根本就不重要。但是这时候我们可能恰恰就错了，因为这些小事是最容易犯错也是最考验我们的细心程度的，由于自己的粗心以及敷衍我们有时候就在这些小事上栽了跟头。例如，公司规定的是每天早上9点准时上班，下午5点准时下班，不许迟到早退，而你却时常在前一天晚上由于自己的粗心忘记定闹铃,所以总是睡过了头,虽然有几次你都很幸运的逃过了老板的眼睛,但是这次却不一样了。当你小心翼翼地走进公司的时候,正好看到自己的老板站在属于你自己的座位旁边,正在询问别人你的去处。你知道自己惨了,因为在这个公司老板把时间看得特别的重要,所以你不得不在连连道歉下丢失掉自己这个月的奖金,并且还要接受写检讨的命运。其实有些事情,犯一次错那是意外,犯两次错也是不小心,但是当我们一直重复犯错的时候我们就需要检讨一下自己了,是不是我们的粗心导致,还是在我们心里根本就没有重视过那件事。在工作中这都是不可取的,要知道工作无小事,很多事情很多工作的危机都是由小事引发的。

所以,我们不要做工作中的"马大哈",而是在做每一件事的时候都要细心,注重细节,不要漏掉任何的可能性,这样我们才能在职场中脱颖而出,并且做到与众不同。

在一次招聘会上,广东某外企人事经理说,他们本想招一个有丰富工作经验的资深会计人员,结果却破例招了一位刚毕业的女大学生,让他们改变主意的起因只是一个小小的细节:这个学生当场拿出了两块钱。

人事经理说,当时,女大学生因为没有工作经验,在面试一关即遭到了拒绝,但她并没有气馁,一再坚持。她对主考官说:"请再给我一次机会,让我参加完笔试。"主考官拗不过她,就答应了她的请求。结果,她通过了笔试,由人事经理亲自复试。

人事经理对她颇有好感,因为她的笔试成绩最好,不过,女孩的话让经理有些失望。她说自己没工作过,唯一的经验是在学校掌管过学生会财务。找一个没有工作经验的人做财务会计不是他们的预期,经理决定收兵:"今天就到这里,如有消息我会打电话通知你。"女孩从座位上站起来,向经理点点头,从口袋里掏出两块钱双手递给经理:"不管是否录取,请您都给我打个电话。"

经理从未见过这种情况,就问:"你怎么知道我不给没有录用的人打电话?"

"您刚才说有消息就打,那言下之意就是没录取就不打了。"女孩很坦然地对经理说出了这句话。

经理对这个女孩产生了浓厚的兴趣,问:"如果你没被录取,我打电话,你想知道些什么呢?""请告诉我,在什么地方我不能达到你们的要求,在哪方面不够好,我好改进。"

"那两块钱……"女孩微笑道:"给没有被录取的人打电话不属于公司的正常开支,所以由我付电话费,请您一定打。"经理也笑了,"请你把两块钱收回,我不会打电话了,我现在就通知你:你被录取了。"

故事中的女孩请求经理,不管公司有没有录取她都希望公司给她一个回复,并且附上了两块钱的电话费。可能我们感到好笑,人家那么大的一个公司,怎么可能会在意那两块钱呢?但是她知道,为不被录取的人打电话不在正常的公司开支里面,所以她给了人事经理电话费,这就显示了一个作为财会人员应该有的细心。如果换成我们,在我们没有确定被录取的情况下,我们可能只是感觉到失落,怎么可能还会想起那两块钱的电话费?我们当然更不会顾虑到什么是那个公司正常的开支,什么不是,这并不是说我们不懂那些道理,只是我们平时的粗心造成的结果。

所以,在职场中做个有心的人,不要去做职场中的"马大哈",也不要因为自己的粗心与不谨慎而错失一些机会。在职场中改掉"马大哈"的毛病,不要让自己的粗心成为自己职场中的阻碍,像故事中的女孩一样注重细节,相信在职场中我们会有更多的收获。

心灵花园

在职场中多了一分细致，多了一份耐心，就会多一次机会，多一次的被认同。所以，做一个工作中的细心人吧！改掉过去"马大哈"的毛病，相信只要我们愿意，只要我们多给自己一点时间去考虑，多放一些心思在自己的工作中，那么，细致的职场生活就不会离我们很远。

4. 谦虚让你在职场中如鱼得水

在职场中，我们首先要有自己很过硬的专业技术，有了专业技术也就意味着我们的无可替代，那么，在职场中脱颖而出也就不是一句话的事了，当然我们也会得到上司的器重。除了专业技术，在职场中也必须搞好人际关系，以及在自己的岗位上敬职敬业，做好自己的本职工作。其实除了这些，在职场中我们还必须具备一项品德，那就是时时刻刻不要忘记谦虚谨慎、勤奋好学，因为只有懂得谦虚谨慎、勤奋好学，我们才能不断地改进自己，适应职场的变化，才能让我们真正在职场中如鱼得水，做到游刃有余。

我们都知道，谦虚一直以来是一个恒久的话题，不管是在古代还是现代，在国内还是国外。但是谦虚并不是说要处处低头，卑躬屈膝，也不是妥协，真正意义上的谦虚是不骄不躁，勤奋好学，不甘落后。如果我们要想成功，要想在职场中闯出一番事业，那么我们千万不要忘了让谦虚给我们打头阵。和谦虚相对的是骄傲，这是我们都知道的，同时也清楚骄傲是一种不良的心理状态，不管是年幼的小孩还是年长的成人，有时候都会因为一些成功而产生这种骄傲的心理，其实这并不是他们的错,而是周围的环境以及来自自身的满足感给予他们的。但是我们要想,其实我们每个人都没有真正骄傲的资本,因为在这个偌大的社会中总有一些人依旧走在我们的前面,我们就算是在一个方面有所成就,也只能说是我们入了门,并不是说我们已经将那个方面的事情研究得透彻。要知道,在这个世界上,知识是无穷的,就算我们穷其一生,也不可能将所有的知识以及技术研究得透彻。不管你有怎样的成果都不要骄傲,更不要给别人傲慢的感觉,因为当你表现出傲慢的那一瞬间就有可能已经意味着你在这个职场中将被淘汰出局。

保持谦虚谨慎,用一颗谦虚的心去对待发生在自己身边的事以及对待自己身边的人,我们可能在职场上会得到更多。

李慧和王倩被分到了同一家公司。李慧是重点大学毕业的高材生,这让她很受老总的器重。而王倩只是职高院校出来的青年,因为她过硬的专业技术才被这家公司选中,当然在待遇上要比李慧差很多。

一次老总给她们安排了一项任务,让她们两个一起完成。主要是老总想重点培养李慧,李慧虽然来自重点大学,但是论到实践操作,却比王倩逊色多了,借此机会,老总想锻炼李慧的实践操作技能。王倩能和高材生成为搭档,心中自是开心万分,因为她做梦都想学到更多的知识。而李慧,却有点不高兴,因为一直以来,她都瞧不起王倩,觉得她无法和自己相提并论。于是干活的时候,多半是李慧在一旁指指点点,而王倩却累得汗流满面。不管多么辛苦,王倩都很快乐,因为在李慧那里,她真的学到了很多以前不知道的知识,她原以为自己在学校也是数一数二的,结果听了李慧的一些论断,才知道对于理论知识,自己真的很匮乏。

在两个人的合作之下,很快就完成了任务,老总也很满意。但是这次任务以后,老总却开始关心起王倩来了,对李慧则逐渐冷淡了下去。原来,老总一直关注着两个人的一举一动。他发现李慧总是一副高高在上的样子，高材生的头衔，让她不知道什么是谦虚；而王倩却勤奋好学，上进心强，并且接受新东西很快。于是，在任务结束之后，老总将重点培养的对象改为王倩。

从上面的故事中，我们可以看出并不是王倩的文凭造就了她，而是她的谦虚谨慎以及好学的工作态度让她成了老总的重点培养对象，比自己优秀的李慧却因为自己的骄傲自大以及眼高手低丢掉了一次大好的机会。其实，在我们的职场中这样的事情比比皆是，由此可见，一个人的发展前途不是由他的一些外在的头衔决定的，而是与自身的品德有着很大的关系。

在职场中，不管我们是职场新人，还是在职场上已经战斗了很多年的资深人员，我们都不要忘了在职场上保持谦虚谨慎的态度，也不要让自己陷入眼高手低的误区，从而让自己的职场之路变得艰难。在职场上做一个谦虚的人，让自己良好的品德成为开拓我们职场之路的得力助手，相信我们会在自己的职场上如鱼得水，做到游刃有余。

心灵花园

不管什么时候，不管你身处何地，不管你面对的是什么人，都不要忘记谦虚，因为要想在职场中占得一席之地，要在职场中不被淘汰出局，那么我们就要时时刻刻保持谦虚谨慎的态度，时时刻刻汲取知识，让自己在职场游刃有余，轻松自如。

5. 一生至少找到一种兴趣

一生至少找到一种兴趣，然后在这个兴趣方面不断地进行挖掘，相信总有一天我们会在这个兴趣上面实现自己的梦想，品尝到成功的甜美。所以不要把时间花费在那些在自己感觉没有任何意义的事情上吧！集中自己的时间以及精力，努力地做好自己感兴趣的事，那么我们的人生就是成功的。

在我们的工作中，很多时候往往都很难将自己的工作与兴趣结合起来，找到一个最佳的结合点。我们很多时候也都是为了工作而工作，为了生活而工作，当然并不是说这样不好，只是如果仅仅是为了赚钱以及为了生活工作，那么我们的工作可能有时候就会变成我们的一种负担，并且显得枯燥无味，而我们的生活也就会显得没有乐趣。

怎样才能让我们的工作充满乐趣，而不是一种负担呢？那就是要将自己的兴趣与工作结合起来，即使你还没有发现自己的兴趣，也要努力去寻找那个至少让自己感觉到不会厌倦，甚至是有一点点好奇的事情，然后把它作为你的一项工作，深入钻研下去，相信总有一天你会有所收获。如果你实在是找不到自己的兴趣，那么你也可以在自己的工作中找自己的兴趣，要知道很多人的兴趣是在他们工作了以后，对某件事情有所了解以后才去喜欢它的，其实只要我们愿意，工作也可以不那么枯燥，而且我们工作的目的也可以不仅仅是为了赚钱以及生活。

美国石油大王洛克菲勒的第一份工作，是在一家公司做簿记员。他十分珍惜自己的第一份工作，他曾这样说："我永远也忘不了我做的第一份工作——簿记员。那时候，我虽然每天天刚蒙蒙亮就去上班，而办公室里点着的鲸油灯又很昏暗，但是那份工作从未让我感到枯燥和乏味，相反的很令我着迷，它让我的内心充满了喜悦。连办公室里的一切繁文缛节都不能让我对它失去热心，而结果是雇主总在不断地为我加薪，我从未尝过失业的滋味。这并非我的运气好，而在于我从不把工作视为毫无乐趣的苦役，我能从工作中找到无限的快乐！"

毫无疑问，石油大王洛克菲勒就很会在自己的工作中寻找兴趣，并且他成功的最大秘诀也就是在工作中寻找到了乐趣。因为有时候，当我们把一件事看做是一种兴趣来培养的时候，我们就更容易投入那些连自己都无法估算的热情，这件事情也因为我们热情的投入显得更加有价值和意义。

我们可能会说，有的人这一生不止一个兴趣，而是有很多很多的兴趣，例如，既喜欢打篮球又喜欢研究计算机，他难道要把这两个兴趣都作为自己的职业来培养吗？要知道，人这一生短短数十载，怎么可能有那么多的精力和时间去在两个职业上都取得很好的成绩？确实，每个人的时间和精力都是有限的，我们也不能在一件重要的事情上做到一心二用，如果真的要一心二用很可能我们连一件事都做不好。但是对于多个兴趣，我们应该怎样选择来作为自己这一生的职业呢？其实这个很简单，就是在自己多个兴趣爱好中寻找一个最适合自己，并且自己拥有最大的优势，以及那个兴趣必须要具有可行性的，那么这样我们就可以选择它作为自己的职业，而把其他的兴趣作为自己的业余爱好，然后在将选择的这件事当做一生的一个方向，努力地走下去，那么我们肯定会迈向成功。

我们要知道，每一个梦想都是值得人敬佩的，而每一个为梦想奋斗的背影都是值得我们瞻仰的，而那个梦想就是我们的兴趣所在，也是我们一生想要达到的高度。

所以，不要仅仅为了生活而去工作吧！一生至少找到一个兴趣，并且将这个兴趣作为自己一生的职业，那么你的生命注定就不平凡，你的工作也就不会索然无味。

心灵花园

一生至少寻找到一个兴趣，并将这个兴趣作为自己的出发点与自己的工作结合起来，那么工作就不再是一种沉重的负担，而工作的目的也就不仅仅是为了物质的满足，其中还会夹杂着我们所追求的精神，以及我们伟大的梦想，那么，这样的人生也就是天堂。

6. 让每一分流逝的时光都有可寻的影子

时光总是最无情的，也总是喜欢在我们不注意的时候独自溜走。而处在职场中的我们却常常喜欢跟时光开玩笑，将自己的时间浪费在一些无聊的事情上，抱着"当一天和尚撞一天钟"的思想，让时光白白溜走，最后在自己的职场中什么也没有留下。如果要让自己的职场生涯不留遗憾，那么我们就要努力让每一分流逝的时光都有可寻的影子。

有时候，只要我们留心常常会在公司里面看到这么一些人，他们从来是按时上班按时下班，也不会迟到或者早退，老板交代的任务他们会按时完成，完成的不是很优秀，当然也不会完成不了。他们并不在意自己的办事效率，也不关心自己公司的发展，更不会在会议上出谋划策，他们一直显得很安静，似乎这个公司有没有他几乎没什么区别。但是有时候我们偶尔也会听到他们的一些声音，但是这些声音往往是在茶水间或者厕所里发出来的，是他们跟自己的同事聊的一些关于自己的家庭、自己的衣服包包这类的话题，在他们的口中似乎永远也不会冒出关于工作的一丁点事情。在我们的意念里似乎工作在他们那里只是一种例行的公事，是为了让这一天的时光度过，工作对于他们来说就如自己每天要吃饭穿衣一样，仅仅只是为了生活下去，而无关热情更无关梦想。

试想一下，这究竟是一种悲哀，还是一种幸运呢？可能他们对自己的这种状态会有一种巧妙的回答，那就是人生短短数十载，为什么要让自己过得那么累，为什么要去争去拼搏，只要日子过得舒心，为什么还要去跟时间赛跑，要知道，我们是跑不过时间的，我们也不是在白白浪费时间，因为在公司的每分每秒我们都过得很清闲、很满足……这样的回答也许说服不了我们，毕竟每个人的思想不同，所追求的也不同。但是转念一想，人生真的是这样吗？每天都重复一样的日子，每天都面对一样的事情，一点追求也没有，一点想要拼搏的想法都没有，只为了每天让时间度过，然后自己在那些流逝的时间中慢慢变老，直到成为一堆黄土？难道这就是人生的价值以及意义吗？

不，我们每个人生存在这个世界上，总应该有自己的追求，总应该去寻找自己的一点价值，可以让我们年迈的时候心灵不那么空洞。如果仅仅是为了生活，其实我们可以选择不工作，因为在这个世界上不工作依旧可以生活下去。例如我们可以在乡村，种一两亩地，再养一些鸡鸭牛羊，这样的日子可比待在办公室混日子要舒服多了，并且我们也可以不必去读书，去辛辛苦苦地考大学，因为考不考大学我们都会长大，我们的个头会长高，并且我们的日子都会逝去。既然我们选择了读书，选择了工作，那么我们就不能每天抱着只是为了生活的念头在职场中混下去，我们就应该给自己一个明确的目标，然后在工作中做出一些成绩来，而不是每天一无所获。

让我们做一些事情吧，在自己的工作中，让那些流逝的时光都有可寻的踪影。但是我们如何才能让自己对职场充满热情并且不要让自己的时光白白流逝掉呢？现在我们就来看职场中的一些让我们可以对工作提起兴趣的招数：

第一招：在职场中培养自己的兴趣

兴趣是最好的老师，我们每个人都会对自己感兴趣的东西富有极大的热情，那么我们就可以在自己的工作中寻找兴趣，并将自己的兴趣与自己的工作结合起来，从而让自己的工作不单单只有得到物质奖励的那一个目的，而是让工作变成我们实现理想的一个平台，那么我们就不会抱着得过且过，"当一天和尚撞一天钟"的思想来对待自己的工作了，那么我们也就不会让时光在自己的手中白白地溜走了。

第二招：调低对工作的期望，从身边的那些小事做起

每个工作不可能都包含那些惊天动地的大事，也不可能让我们一夜之间成为一个名人。所以，工作的成败往往都是从小事开始的一个积累的过程。如果我们每天去做一些工作中的小事，而不是把自己的时间浪费在厕所或者茶水间的闲聊中，甚至是同事之间的插科打诨上面，那么即使时光流逝，我们也会感觉到生活与工作的充实，当然在我们年迈的时候也不会感觉到自己的人生没有一丝让自己觉得骄傲的地方。

第三招：让自己可以终身成长

毋庸置疑，每个人从一出生到生命的结束都是一个不断吸取知识的过程，不管那些知识是我们主动接受还是被动接受的。在我们的工作中，我们如果能够让自己终身都在学习，那么我们的日子也不会一闪而过，最后感觉自己一无所获。所以在自己的职业生涯中，要时刻牢记对自己的知识的更新以及获取，因为只有在知识的海洋中我们才能感觉到自己的无知与渺小，才能慢慢地寻找到自身想要的东西。不管何时，不管出于什么样的状态，永远都不要沉溺于自己的现状，也不要放弃在职业领域的探索，让自己度过的每分每秒都在这个社会上在自己的心中留下一段可以寻找的影子。

心灵花园

让我们抓住时光偷偷流逝的尾巴，不要将时间浪费在公司的茶水间或厕所的闲聊中，也不要让自己这一生在一无所获中结束掉。让我们认真去做事，带着热情以及探索的欲望去工作，那么，总有一天我们会将时光刻满属于自己的痕迹。

卷二：细致职场——在黑暗中点亮一盏明灯

7. 在细微中感悟真诚

可能在职场中，我们一直在寻找真诚。可是寻寻觅觅的结果总是似乎连真诚的影子都没有看到，这是怎么一回事呢？其实，在职场中并不是没有真诚，只是我们缺少了一双发现的眼睛，忽略了那些藏在细微里的真诚。

人们很多的感情，很多的品质并不是从一些惊天动地的大事中被人发现的，而恰恰相反是在那些微不足道的小事中体现出来的。有时候，一句问候的话语，一个善意的微笑，一次恰到好处的关心，都可能会在我们的心湖中产生一丝波澜，让职场中掺杂一些温情与感激。

有一次去外地出差的路上，一车的人谁也没有讲话，大家躲在自己的报纸后面，彼此保持着距离。汽车在树木光秃、融雪滩滩的泥泞路上前进。

"注意！注意！"这时突然响起了一个声音。"我是你们的司机。"他的声音威严，让车内鸦雀无声。

"你们全都把报纸放下。"

"现在转过头去面对着坐在你身边的人，转啊！"

全车人像听到指挥官命令的士兵似的，全都服从了"口令"，无一例外，也无一人露出笑容，这是一种从众的本能。

"现在，跟着我说……"又是一道用军队教官的语气喊出的命令："早安，朋友！"

大家跟着说完，都情不自禁地笑了笑。

这是在一次出差途中出现的一个小插曲，但就是这样的一个小插曲打破了人们之间的那种隔阂以及宁静，拉近了他们之间的距离，并且让彼此感受到了自己的真诚。其实，在我们每天上下班的时候，总是匆匆忙忙，忘记对彼此说"早安"，说"再见"，可能是因为自己的难为情，也可能是因为在这个冷漠的环境，每个人都不想表露自己的真诚以及感情。但是我们想一想，如果在一起工作的人，连一句最基本的礼貌用语都没有，连一点点的问候都没有，那么他们如何在彼此间建立真诚，并且在工作中如何做到合作默契呢？

我们要知道，一个意念中的东西不应该有任何的感情偏好，而那些它们所拥有的偏好只不过是人们自己的定义而已，要知道，职场也是由人来组成的。如果我们将自己的公司当做是一个温暖的大家庭，那么它就是一个大家共同的家庭。

不管我们每天有多累，我们都不要忘了给自己周围的人一句问候，一个微笑，也不要忘了给他们一句鼓励的话语，因为在接收到你的微笑以及话语的同时，我们可以在他们的眼中看到我们一直想要寻找的真诚以及温暖，当然我们也会收到他们同样让我们心灵温暖的那些词语。同事生病了，不要忘了给他一声关心的问候，或者在他连连打喷嚏的时候附上一张面纸；同事结婚了或者升职了，也不要忘记给他道一声祝福的话语；看到自己的同事忙得连倒水的时间都没有，也不要忘记了给他倒一杯水，并且提醒他注意自己的身体……这些都是我们可以做到的事，也是我们常常在职场中遇到的事情，如果我们注意那些细微的地方，用一颗关爱的心去对待自己的同事，那么相信职场对我们来说就不再是一个冰冷无趣的地方了。

我们要知道，其实那些人性中的真诚并没有因为我们物质的充裕而走远，只是我们忽略了它们，也在慢慢地抛弃它们，但是如果我们细心去寻找，我们可能会在任何地方都发现它的足迹。

在一个暴风雨的晚上，有一对老夫妇走进一家旅馆的大厅要求订间住房。"很抱歉"，柜台里一位年轻的服务生说，"我们这里已经被参加会议的团体包下了。往常碰到这种情况时，我们都会把客人介绍到另一家旅馆，可是这次很不凑巧，据我所知，附近的旅馆都已经客满了。"

服务生看到老夫妇一脸的遗憾，赶紧说："先生、太太，在这样的夜晚，我实在不敢想象你们离开这里却又投宿无门的处境。如果你们不嫌弃的话，可以在我的房间里住一晚，那里虽然不是豪华的套房，却十分干净。我今天晚上要在这里加班工作。"这对老夫妇因为给服务生增添了麻烦而感到很不好意思，但是他们还是谦和有礼地接受了服务生的好意。

第二天一大早，当老先生下楼来付住宿费的时候，那位服务生依然在当班，但他婉言拒绝了老先生，他诚恳地说："我的房间是免费借给你们住的，我昨天晚上在这里已经挣取了额外的钟点费，房间的费用本来就包含在里面了。"

就是这样的一位服务生，这样的一种对客人的体贴入微，让我们感受到了前所未有的真诚与感动。其实不管在哪个行业，在哪里总有那么一些人用自己的真诚、自己的心打动着这个世界上的每一个人，也让我们感觉到有时候工作是多么美好的一件事情。

所以，不要去嗟叹也不要去伤怀真诚与我们的渐行渐远，也不要一直注视着这个社会不美好的一面，因为当我们用真诚用美好的心态来面对这个世界上的一切的时候，那么这个世界也会用真诚与美好来面对我们。真诚并没有远去，只是藏在了那些细微之中。

心灵花园

真诚一直在我们的身边，并没有离我们远去，只要我们能在细微中去发现；职场也并不是那么冷漠无情，只要我们用自己的心去温暖身边的人。

8. 一个倒茶水的老头

谁会想到那个让人不注意的倒茶水的老头却是真正的面试官，但是他注意到了，也观察到了，所以他被破格录取。其实在我们的工作中，在我们初入职场的时候能够注重那些细节，那么我们的职场之路也就不会走得那么艰难。

某著名大公司招聘职业经理人，应聘者云集，其中不乏高学历、多证书、有相关工作经验的人。经过初试、笔试等四轮淘汰后，只剩下6个应聘者，但公司最终只选择一人作为经理。所以，第五轮将由老板亲自面试。看来，接下来的角逐将会更加激烈。

可是当面试开始时，主考官却发现考场上多出了一个人，出现7个考生，于是就问道："有不是来参加面试的人吗？"这时，坐在最后面的一个男子站起身说："先生，我第一轮就被淘汰了，但我想参加一下面试。"

人们听到他这么讲，都笑了，就连站在门口为人们倒水的那个老头子也忍俊不禁。主考官也不以为然地问："你连考试第一关都过不了，还有什么必要来参加这次面试呢？"这位男子说："因为我掌握了别人没有的财富，我自己本人即是一大财富。"大家又一次哈哈大笑了，都认为这个人不是头脑有毛病，就是狂妄自大。

这个男子说："我虽然只是本科毕业，只有中级职称，可是我却有着10年的工作经验，曾在12家公司任过职……"这时主考官马上插话说："虽然你的学历和职称都不高，但是工作10年倒是很不错，不过你却先后跳槽12家公司，这可不是一种令人欣赏的行为。"

男子说："先生，我没有跳槽，而是那12家公司先后倒闭了。"在场的人第三次笑了。一个考生说："你真是一个地地道道的失败者！"

79

男子也笑了:"不,这不是我的失败,而是那些公司的失败。这些失败积累成我自己的财富。"

这时,站在门口的老头子走上前,给主考官倒茶。男子继续说:"我很了解那 12 家公司,我曾与同事努力挽救它们,虽然不成功,但我知道错误与失败的每一个细节,并从中学到了许多东西,这是其他人所学不到的。很多人只是追求成功,而我,更有经验避免错误与失败!"

男子停顿了一会儿,接着说:"我深知,成功的经验大抵相似,容易模仿;而失败的原因各有不同。用 10 年学习成功经验,不如用同样的时间经历错误与失败,所学的东西更多、更深刻;别人的成功经历很难成为我们的财富,但别人的失败过程却是!"

男子离开座位,做出转身出门的样子,又忽然回过头:"这 10 年经历的 12 家公司,培养、锻炼了我对人、对事、对未来的敏锐洞察力,举个小例子吧——真正的考官,不是您,而是这位倒茶的老人……"

在场所有人都感到惊愕,目光转而注视着倒茶的老头。那老头诧异之际,很快恢复了镇静,随后笑了:"很好!你被录取了,因为我想知道——你是如何知道这一切的?"

故事中的这个应聘者,他可以说没有任何的优势,并且在第一轮的应聘中就被淘汰掉了,但是他没有放弃,而是给了自己一个机会,可以见到面试官,并且有展示自己的机会。在别人的提问以及笑声中,他并没有因为自己的过去而感到自卑,相反,他因为自己的过去而骄傲,因为过去的经历让他有了非同一般的敏锐的观察力。他仅仅从倒茶水的老头的举止、气度、眼神等就可以判断出他是公司的真正老板,这对很多人来说都是不可能做到的事情,但是他做到了,并且也因为他对周围环境的细心观察以及敏锐的洞察力,最终留在了公司。

其实,对每个成功者进行研究,我们就不难发现,他们有着一个共同的特点,就是他们可以做小事,并且能够抓住生活工作中的一些细节,然后在细节中慢慢走向成功。细节的发现在于一颗细致的心以及端正的态度,在工作中没小事,即使是端茶倒水也要做到最好,这就是细节,不论什么事,本质上都是由一些细节组成的,所以不要去忽视那些细节,不要去小看那些小事,要知道,有时候那些小事有可能就是你失败或者成功的关键点。

不是职场的门槛真的过高,只是我们缺少一颗发现以及细致的心。有位总裁说过:什么是不简单?把每一件简单的事做好就是不简单;什么是不平凡?能把每一件平凡的事做好就是不平凡。某厂区上下班时工人走路的时候全部靠右边走,完全按交通规则,这就是细节,通过这一细节我们就可以了解到工人们的素质,以及这个企业的素质。同样的,每个人通过自己的一些细节都会表现出个人的素质与修养以及能力,而这正是职场所需要的。

认真做好每一个细节,让自己的细致成为职场的一个敲门砖,相信我们的幸运将会不期而至。

心灵花园

让注重细节成为我们的一种习惯,并且努力去做好那些细节,让这个习惯不停地在我们的生命中增长,我们就可以一生享受它所带来的"利息",我们在职场也就可能会做得风生水起。

9. 命运就掌握在自己手里

不论何时,我们都只有一个敌人,那就是自己。我们不能改变自己所处的环境,却能改变自己;我们无法预知未来,却可以把握现在。只要我们扼紧命运的喉咙，抓住每一次机遇，那么成功总有一天会到来。

在生活中工作中，我们可能常常会问，自己的命运究竟在哪里？为什么同在一个公司，同一个部门，同样的职位，别人升了职，自己却一直在这个位子上原地不动呢？我们都知道，每个人来到这个世界上，有很多东西都是不能选择的，就像我们无权选择自己的出生，也无权选择自己的死亡，而我们能做的就是选择自己生存的方式。比如我们可以选择自己从事的职业，可以选择自己的爱人，可以选择自己生活在哪个城市，也可以选择自己在哪个公司上班，这些生活与工作的细节只要我们愿意，我们都可以自己选择，当然成功与失败有时候也可以选择，可能我们会有疑问，成功与失败怎么可以选择呢？如果真的可以选择，那么这个世界上就不会有失败者了！

其实，成功与失败的几率对我们每个人来说都是一样的，但是关键就要看我们懂不懂得去把握。就像是在我们行走的路上前面有一座山，只要过了那座山，我们就会到达自己想要去的地方，但是在跨过这座山时有种种的困难需要我们去克服，也有很多的谜团需要我们去解开，有时候甚至只要一不小心就会丧失自己的性命。当然，并不是每个人都必须翻过这座山的，过与不过的选择权都在我们自己的手里。这时候可能有的人会选择继续上路，有的人会选择放弃，其实这就是成功与失败的一个分水岭，选择放弃的人将永远待在那里，根本连尝试成功的机会都没有，当然，选择继续上路的人有成功的几率，但绝对不是百分之百。因为在坚持的那条路上还有很多的选择和放弃，还有很多的考验与磨难，如果我们坚持到了最后一步，我们将是在人生路上一直选择走向成功的那些人。这样看来，我们的成功与失败真的是我们自己选择的结果，那么命运呢？不也掌握在我们自己的手里？

在美国威斯康星州福特·亚特金迅附近的一个小农场里，有个名叫琼斯的农民，他经营着这家小农场，日子算是过得舒心，身体也很健康，工作也很努力，但他好像不能使他的农场生产出比他的家庭所需要的多得多的产品。这样的生活年复一年地过着，突然间发生了一件事！

有一年琼斯患了全身麻痹症，卧床不起，而他已是晚年，几乎失去了生活能力。他的亲戚们都确信，他将永远成为一个失去希望、失去幸福的病人。他不可能再有什么作为了。然而，琼斯却有了作为。他的作为给他带来了幸福，这种幸福是随他事业的成功而来的。

琼斯用什么方法创造了这种奇迹呢？是的，他的身体是麻痹了，但是他能思考，他确实在思考，在计划。有一天，正当他致力于思考和计划时，他做出了自己的决定。他要从自己所处的地方，把创造性的思考变为现实。他要成为有用的人，他要供养他的家庭，而不是成为家庭的负担。

他把他的计划讲给家人听。"我再不能用我的手劳动了，"他说，"所以我决定用我的心理从事劳动。如果你们愿意的话，你们每个人都可以代替我的手、足和身体。让我们把我们农场每一亩可耕地都种上玉米。然后我们就养猪，用所收的玉米喂猪。当我们的猪还幼小肉嫩时，我们就把它宰掉，做成香肠，然后把香肠包装起来，用一种牌号出售。我们可以在全国各地的零售店出售这种香肠。"他低声轻笑，接着说道："这种香肠将像热糕点一样出售。"这种香肠确实像热糕点一样出售了！几年后，牌名"琼斯仔猪香肠"竟成了家庭的日常用语，成了最能引起人们胃口的一种食品。

谁会想到一个临近晚年的、全身麻痹、失去生活能力的老人，在自己的努力下竟然成功了，成功得创造自己的品牌，改变了自己的命运。听到这个故事后，我们还会觉得自己的命运不是掌握在自己的手中吗？在我们的生活中，有时候觉得人生真的是很绝望，在工作中也到处都是坎坷，所以我们的信心被磨灭了，斗志也都荡然无存了，然后也就顺着自己所谓的命运，等待着终老，等待着死亡的来临，也不想再有所改变。其实，这种心理、这种想法就是一种对自己命运的妥协以及对失败的屈服。如果我们面对任何的困难任何的坎坷都能不屈服，都能勇敢顽强地走下去，那么总有一天我们的命运也会因为我们的坚持和努力有所改变，并且我们也会把自己的命运牢牢地把握在自己的手中。

心灵花园

把自己的手握成拳头，我们会忽然发现不管是自己的生命线、财富线还是爱情线，都在我们自己的手里。人生也是如此，只要我们能够握紧自己的拳头，咬紧牙关闯过那一关又一关的考验，那么我们的命运就会一直在我们自己的手中。

10. 有时候机遇就在"一瞬间"

有时候成功与失败就是一瞬间的事情，可能在那一瞬间你坚持了，那么你就成功了，倘若你在那一瞬间放弃了，那么你也就失败了。不要去轻视那些小事，也不要去放弃那些细节，因为有时候成功的机遇可能就在那一个细微的动作里，或者在那一件小事上。

狄更斯说过，成功好比一架梯子，"机会"是梯子两侧的长柱，"能力"是插在两个长柱之间的横木。只有长柱没有横木，梯子没有用处。卡耐基也说，当机会呈现在眼前时，若能牢牢掌握，十之八九都可以获得成功。而能克服偶发事件，并且替自己找寻机会的人，更可以百分之百地获得胜利。由此看来，一个人要想成功，机遇是必不可少的一个条件，对于机遇，一般人觉得那是上天的一种恩赐，有很多人一直在等待机遇，可是等了一辈子却一无所获，觉得机遇也是不公平的。但是我们要知道，其实每个人的机遇都是平等的，只不过有的人有一双善于发现机遇的眼睛，而有的人却没有，这就是区别。一个成功的人，是善于把握机遇的，当机遇呈现在他面前的时候，他懂得牢牢地握紧，迈向成功。当然，聪明的人是不会一直等机遇找自己的，而是懂得去自己寻找机遇，对这些人来说，成功一直不是问题。

可能我们会问，机遇到底在哪里呢？难道我们只要想要，它就能来到我们的面前吗？不，机遇往往就像是一个调皮的孩子一样，它的行踪总是让人捉摸不定。但是机遇不管怎样变化它都只是藏在小事中，藏在一些细微里。有时候可能它就在一句话里面，有时候也可能在一个微笑里，当然有时候它可能就在一个细微的动作里。关键是看我们能不能捕捉到，能不能把握得住。

某公司招聘一名业务主管，在经过几轮残酷的考核淘汰之后，应聘人数由最初的几十人变成了三个人。三位应聘者在前几轮的测试中表现都十分出色，无论学识、阅历、口才、形象都相差不多，简直不分伯仲。

最后，公司经理亲自出面挑选最后的人选，他的测试方法非常简单：在桌子上放了几张白纸和一支注满了墨水的金笔，让三位应聘者在纸上写下各自的简历。

这时候应聘者甲坐到桌前，拧开金笔正要写字，恰好金笔漏下了一滴墨水，不偏不倚地落到了洁白的纸上。应聘者甲慌忙把滴了墨水的纸揉成一团，重新拿了一张纸写起简历来，无奈金笔依旧漏水，短短一份简历，等他写完已经用了四张纸。

接着应聘者乙上场了，在发现金笔漏水后，他从容地从西服口袋里拿出自己的笔，顺利地写完了简历。

最后轮到应聘者丙上场了，他发现金笔漏水后，并没有急着书写简历，而是不慌不忙地拧开金笔，小心地捏了捏金笔的储墨囊，排出储墨囊里过多的墨水。这样，金笔不再漏水，他自然写得格外从容。

最后，经理宣布，公司决定留下应聘者丙担任他们公司的业务主管。这时候其他的两位应聘者就有点不服气，所以他们就问自己落选的原因。这时经理就告诉他们："论学历，论资历，你们几乎分不出高下，但是应聘者丙在看到金笔漏水后，并没有着急去写，也没有换一只笔，而是愿意花费时间去寻找问题的根源，即使是拧开金笔这样一件小事，他也去做，最后解决了最根本的问题。从这一点上看，他要比你们高明。"

就是那简单的一个思考以及一个动作，就让他在应聘者中脱颖而出，取得最后的胜利。所以说在我们人生的竞技场上，有时候有些机遇就在一瞬间，并且是我们自己创造的，如果我们能像故事中的应聘者丙一样，能够注重那些细节，不忽略也不去小瞧那些小事，永远保持着自己的思考以及好奇心，用一种追根寻底的态度去处理一些工作上的事情，那么我们也就能够得到命运之神的垂青。

当然想要让机遇青睐，想要发现并且创造机遇并不是一件简单的事情。因为机遇有时候总是披着各种各样的外衣，有时候很容易发现，但是有时候也很难识别。最重要的是我们要有一颗善于发现的心，有一种敏锐的洞察力以及有一种敢于尝试的勇气。因为很多事情，只要我们没有那个勇气去尝试，那么就算是机遇摆在我们面前，也没有任何的作用。

多丽丝·奈斯比特是一位奥地利作家。有一天，她一个朋友的女儿莉莉送给她一份礼物，是一张莉莉的小猫库奇的画像。她非常喜欢。两年后，多丽丝开始写一本给青少年的书《梅琳：我的中国》。看着摆在她办公室里的库奇画像，她不禁想道：如果给梅琳勾勒一张面孔，给书作些插图，那该多好。而又有谁会比一个16岁女孩儿更适合做这个呢？于是她问了莉莉，而莉莉也欣然接受。于是，没经过什么培训的莉莉开始和那些专业人士竞争。到后来，她的名字已然印在了那本正在中国各地销售的书的封面上。

所以说，就像故事中的莉莉一样，如果她没有勇气去接受多丽丝的建议，去尝试着给那本书做插画，那么她的名字可能永远也不会印在那本在中国各地畅销的书的封面上。所以，有时候当机遇来临，我们也要有莫大的勇气去接受它，接受它将带给我们的挑战，接受那些未知的困难，我们就有可能乘着机遇的翅膀到达成功的彼岸。

心灵花园

不管机遇是多么奇怪的一个东西，也不管机遇是多么难以搞定的一个对象。只要我们有心，我们足够细致，我们准备得妥当，我们有勇气，那些一瞬间的机遇就能被我们牢牢地抓在手里。

卷二：细致职场——在黑暗中点亮一盏明灯

第二章

成功职场，掌握自己的命运之舟

人的一生，总会有适合自己的种子，关键就在于我们如何去寻找。职场也一样，每个人都有适合他自己的位子，如果我们找准了那个位子，然后用自己的努力与勤奋、恒心与耐心、机智与勇敢、镇定与谨慎去经营，那么，总有一天我们会看到为我们翘起大拇指的职场，也会迎接到属于自己的成功的朝阳，我们也会掌握住我们的命运之舟，真正驾驭自己的人生。

1. 在心里种植属于自己的春天

成功的人生需要一个梦想，心里需要一个自己种植的春天，那么，即使是在寒冷刺骨的冬天我们也能安然度过，即使前路茫茫我们也能找到自己的方向。

如果有人问，人这一生中最可悲的事情是什么？可能每个人都会有自己不同的回答。有的人说是没有金钱没有财富，贫穷一生；有的人说是没有婚姻没有家庭，孤老一生；也有的人说是除了金钱之外，什么都没有；当然也会有人说是辛辛苦苦养大的孩子，最后不认自己的父母，如此等等。似乎我们的生命中悲哀的事情太多，所以才会有这么多的答案。不可否认，人这一生，要经历的事情太多，要面对的困难以及艰辛也太多，所以，我们有时候觉得自己的一生都是悲哀的，幸福以及快乐总是无从说起。特别是在我们步入职场以后，我们有时候会感到更大的悲哀，可能我们会突然发现原本在我们意念里很简单的东西，到了职场就变得跟以前不一样，人与人之间的关系似乎也变得很奇妙，似乎自己也没有了任何的目标，自己不断地遭受打击，也不断地失望。

可是尽管如此，我们还是要知道，其实人生最大的悲哀不是生老病死，也不是经历痛苦艰难，也不是遭遇坎坷，而是当我们面对阳光的时候还惧怕黑夜的寒冷，当我们处于春天的时候依旧在畏惧着冬天的刺骨寒风，当我们身在职场的时候还不知道自己的方向，还没有确定自己的梦想，这才是在我们人生中的最大的悲哀。

一个人不管处于怎样的境遇，不管经历了什么，都不能放弃自己的梦想，也不能让自己的工作在漫无目的中进行。在我们的职业生涯中我们需要一个梦想，需要一个方向，需要给自己的心中种植一个属于自己的春天，只有这样我们才能在这个春天里面领略美好的风光，也在这个春天里找到自己的幸福，还有达到自己想要的高度。

他出自农村，为了生活进城里打工，可他什么手艺也不会。看到一个小吃店要洗碗工，他就去了。每天干到半夜，洗不完的油腻腻的碗盘。回到那间只有7平方米的地下室，他累得趴在床上起不来。

干了一个月，他领到第一份工钱，就跳槽了。他想，碗洗得再好，又能如何？他想做厨师。结果跑了好几个小餐馆，都没人要他。到第6家时，人家问他会烧什么菜，他老实地回答：会烧家常菜。老板答应留下他，试一天。中午，有位客人拎着一甲鱼让店里加工。"你把这只甲鱼烧一下。"听到老板这句话，他当时吓出一身冷汗，从哪里下刀都不知道。一个客人在旁，说，你把脚踩上去……半天，他才把甲鱼杀了。怎么烧呢？他想起邻居炖海鲜，喜欢放两片香菇、火腿肉，他只好照这个办法试。烧好，客人一尝，说："炖得不错。"他高兴极了。

晚上，他又碰到了难题。客人点的许多菜，他连菜名都没听说过。他站在炉灶旁束手无策，老板也看在眼里。于是他就偷看人家怎么烧，红烧胖头鱼、水鸭绿豆面、宁式鳝丝。看完三个菜，老板说："请你另谋高就。"他只好打包出门。

刚学会的这三道"拿手菜"，让第7家酒店老板点了头。那两天，他最早上班打扫厨房，准备菜料，自己买了一包烟，给大厨递烟。大厨教给他很多烹饪基础知识，他也学到了烹饪海鲜的几个常用手法。可几天后，因为烤焦了一只鸭子，老板炒了他。

他吸取了教训。一道外黄里嫩、喷香扑鼻的烤鸭，让第8家酒店老板喜笑颜开。在那里，他为了学到蒜蓉汁、葱油汁、剁椒汁是怎么熬制的，晚上请大厨去吃宵夜，点了几个要用汁的菜。大厨一边品尝，一边点评，调味如何、火候怎样、用料合不合理。他一一在心里记下。

两年后，他成为一家酒店的大厨。三年后，他是另一家酒店的首席厨师。四年后，他承包了一家当地规模最大的酒店，请了4个厨师，总共18个人。随着这家酒店厨房的正常运转，他自己则到全国各地拜访师傅，四处学艺。到杭州，向杭帮菜大师取经；到四川，学习川菜；下广东，学煲汤的奥妙……

现在，他是北京一家餐饮集团的老板，他的公司承担着全国各地30多家酒店的厨房事务。

一天，他开着车，把自己的秘书带到一间阴暗、潮湿的地下室出租房，那是他最初的落脚之地。让秘书惊讶的是，在那样阴暗的一面墙上，画着一扇窗户，窗户里贴着一幅阳光灿烂的画。

这就是他成功的秘诀，也是他平凡的人生走向不平凡的一个原因。即使是住在地下室，他也没有忘记给自己画出一扇窗户，并且在窗户里贴上一幅阳光灿烂的画，让梦想的阳光照射到心灵。

心灵花园

不管情况怎样，不管我们处于何种的境地，我们都不要忘了打开自己的心灵窗户，给自己的心中种植一片春天，让梦想的阳光照射到心灵，我们人生就是一种收获、就是一种幸福。

2. 在细微中思考致富

致富，可能是我们每一个人都在思考的一个问题，大到国家小到家庭，甚至是个人也一直在努力的探索。但是有的人穷其一生也没有做到致富，有的人却是没用多长的时间就成了亿万富翁。这究竟是怎么一回事呢？是机遇的问题还是有别的原因？

有时候，我们可能厌倦了看老板脸色行事的朝九晚五的上班生活，也厌烦了每天的忙忙碌碌后一无所获的感觉，当然也有时候会对那份微薄的工资产生一些怨言，因为它是我们忙碌了一个月得来的结果，但是却支持不了自己整个月的开销。有了孩子，想给他们买一点玩具，但是去商场看到那对自己来说贵得离谱儿的标价，退缩了，也打消了那个念头，也对自己的孩子产生浓浓的负罪感……这时候，我们希望改变自己的生活，也希望改变自己现在所处的环境，希望自己有一些可以获得更大的财富的渠道，而不是把自己的劳动有差价的贡献给别人，获得微薄的回报。所以我们开始思考着创业，开始思考着致富。但是作为这么平凡的一个自己，应该怎么样去创业呢？怎样开始自己人生的致富之路呢？这又是摆在我们面前的一个大难题。

所谓万事开头难，但是只要我们想要去做，能够去发现，能够努力去思考，多注意自己身边的事，多注意每天都在发生的事情，就总会有开始的那一天。因为很多时候，机会是无处不在的，就隐藏在我们身边的那些小事中，只要我们足够细心，我们就能捕捉到它们的足迹，然后将其攥在自己的手中。

阿马颜是一个普通青年，从小就生活在一个比较封闭和落后的地区，那里除了大片的藕湖之外，几乎就再也没有什么了，一年到头，他们吃得最多的就是藕。

阿马颜看着辛勤劳作却收获不多的父母和族人们，发誓要用智慧去改变自己的命运。俗话说靠山吃山，靠水吃水，在这片除了莲藕还是莲藕的湿地里，阿马颜唯一能够依靠的就是莲藕。他试尽了各种方法，先后开发出了一些诸如"即食藕条""水冲藕粉"的商品，但是任凭他把藕食品加工得如何美味，总是很难得到市场的认可，阿马颜只能无奈地放弃了。

有一天，阿马颜独自坐在已经停产的作坊里发呆，看着在那两节藕之间飘晃的藕丝，心里突然冒出一个想法：蜘蛛丝可以织网，藕丝能不能用来编织什么呢？如果这个想法真能成功，前景一定非常广阔，全世界还没有一样用藕丝编织的商品呢！

阿马颜很快开始尝试，他先是直接从湖里挖藕抽丝，但是经过几次试验后他发现直接用藕丝太脆，而且水分多黏性强，即便是能够用来编织东西，成本也实在是太高。

阿马颜尝试藕丝失败，正无计可施之际，他突然想起来，藕秆不是也有丝吗？用藕秆的丝会怎么样呢？阿马颜连忙跑到藕湖边，割下了几株藕秆，掰断以后拉出的丝又结实又干燥。他把这些藕丝搓成线，然后试着扯了扯，竟然非常牢固。这一发现让阿马颜看到了希望，这种藕秆丝完全可以织成面料！

随后，阿马颜很快找来了父母和邻居帮忙，按照他的要求去割藕秆抽丝。一个星期后，他把这些线送到一个会织布的老人那里，让他帮忙做织布试验，老人上机后手脚并用，梭子来回穿梭，藕丝果然织成了质地牢固、色泽光鲜的面料。

初步的成功让阿马颜欣喜不已，他用所有的存款买来织布机，办起了一个小小的织布作坊，当他把生产出来的藕丝面料送上市场后，这种前所未有的商品很快受到了一些服装企业的青睐，订单纷纷向他飞来。

这些订单在很大程度上帮助了阿马颜进一步研发技术、扩大规模，生产出来的面料更是精益求精。一年后，包括法国在内的许多海外服装企业和设计师都纷纷前来订货，上门来寻求代理的各地商人更是络绎不绝。

一时间，阿马颜的藕丝面料在国际时装市场上掀起了一阵阵时尚热潮，与此同时，财富也源源不断地滚进了阿马颜的腰包。10年后的今天，阿马颜的藕丝面料，被法国《时尚周刊》评为"本世纪最伟大的时尚元素之一"！

可能我们谁也不会想到，藕丝也可以做成面料。但是阿马颜就发现了，当然他的发现也不是一朝一夕完成的。因为环境的问题，以及他想改变自己及家乡人的生活状况的那种急切心理的驱使，他不断地尝试着创业，也不断思考着致富，虽然前面的几次都失败了，但是皇天不负有心人，他最后终于取得了成功，实现了自己的愿望。

在阿马颜致富的这条路上可以看出，平凡的人想要创业想要致富并不是没有可能的，只要我们去思考去不断地尝试，以及去关注自己身边的那些细微的地方，那么总有一天我们也能发现机会，从而实现自己的创业梦想以及改变自己的命运。

心灵花园

心有多大，舞台就有多大。如果我们将自己的梦想一直放在自己的心上，并带着一颗善于发现的细致的心去寻找，一直不断地去思考，不断地去尝试，那么，总有一天我们的梦想会变成现实，我们的愿望也会成真。

3. 一切存在都有理由

不要去忽略任何一件小事，也不要去轻视自己任何的一份工作，要知道，在这个职场，一切都有其存在的理由，也都有其存在的必要。就算是一个螺丝钉也有它自己的作用，一枚钉子也有其不可替代的功效。

可能我们会因为自己只是公司的一个小职员而整天苦恼，也许我们也会因为自己只是一个小技术工而整天愁眉不展……其实这些都没有必要，在这个社会上，不管我们从事什么样的职业，不管我们充当什么样的角色，只要是存在在这个社会的，那么就有其存在的理由，也有其存在的必要。就像是一枚小小的螺丝钉一样，虽然它看起来微小并且一点也不显眼，更不像那些大型的机器一样具有每个人看得到的效用，更没有它们那样惊人的价格以及珍贵之处，但是如果缺少了螺丝钉，即使那些机器再怎么有用，也只不过是一堆成不了气候的庞然大物，并且也发挥不了任何的功效。其实，我们的社会也是如此，每个人都是这个社会的一份子，都在这个社会上扮演着一定的角色，虽然我们的社会需要一些人来领导我们，但是那毕竟只是少数，而这个社会更多的是需要我们这些名不见经传的人，在努力地拼搏着。所以不要去轻看自己，更不要去小瞧任何一份职业，要知道缺了任何一份职业，这个社会的运作，公司的经营都会出现一些或大或小的问题，因为在这个世间，只要是存在的，都有它存在的理由。

每天早上，只要我们起得稍微早一点，我们就会在道路的两旁看到那些穿着环卫制服的清洁工人，他们拿着扫把，推着清洁车，把那一件件垃圾，那一片片树叶认真仔细地装到车子里去，然后让原本脏乱的大街一下子变得整洁起来。等到太阳的光辉照遍整个大地的时候，他们也早已不见了身影，而是给我们留下了整个城市的干净。可能他们不会被人们所知道，有时候还会被有些人瞧不起，但是这都无关紧要，他们还是每天坚守着自己的岗位，做着自己的工作，不管春夏秋冬，不管炎热还是寒冷，他们只是将一片清洁带给了我们。知道了这些我们还会瞧不起他们吗？还会觉得他们没用吗？试想，如果某一天全国的清洁工人集体罢工一周，那么我们的城市会变成什么样子？

所以不要轻看自己的职业，也不要小看自己的作用。即使你是一位清扫大街的清洁工人，即使你是一座写字楼的小小的保安，或者你只是一家医院的小小的护士，或者你是一所小学的一个名不见经传的老师，或者你只是一家公司的小小的助理……这些职位的高低都不重要，重要的是你在这个社会上的作用，以及你对这个公司以及社会的贡献。所以，不论何时我们都要记住，在这个社会上存在的所有人，每一项职业都有其作用，都有其存在的理由。

有这样的一首歌写道："很多时候我们都不知道/自己的价值是多少/我们应该做什么/这一生才不会浪费掉/我们到底重不重要/我们是不是很渺小/深藏在心中的那一套/人家会不会觉得可笑/不要认为自己没有用/不要老是坐在那边看天空/如果你自己都不愿意动/还有谁可以帮助你成功/不要认为自己没有用/不要让自卑左右你向前冲/每个人的贡献都不同/也许你就是最好的那种……"

做好自己，做好自己人生中的每一件小事，做好自己的每一项工作，尽好自己的每一项责任，那么我们也可能是最好的那个，我们也可能是最成功的那个。就像那粒藏在浅海的沙石，只要它被吹到了岸边，被人当沙子运走，那么也就开始了它的征程，不管以后它是被混进别的沙石里面铺成了一条乡村的小路，还是它被运到一座大城市，成了一栋高大建筑物里面的一员，它都没有失去自己的作用，都为这个社会做了贡献，那么它的一生就都是值得的。所以，不要因为自己的渺小以及自己的卑微或者职位的低下就去轻看自己，轻看自己的人生，因为一切存在都有自己的理由，并且每一种存在都有自己特殊的功效，我们谁也不能否认，谁也不可以轻看。

心灵花园

即使我们是花园里的一株杂草，我们也要去努力装扮着美丽的春天，即使我们是大海里的一滴小水滴，我们也要去凭着自己的力量填充那片海域。所以不管我们做什么，不管我们多么渺小，我们也要尽自己最大的努力，去活出自己的人生，因为每一种存在都有自己的理由，每一种存在都有必要。

4. 机会一直都在我们身边

在很多时候，我们常常抱怨机会的不公平，总是跳过自己而降临到别人的身边。其实不是机会的不公，因为很多时候机会一直在我们的身边，只是我们没有一双善于发现的眼睛，更没有做好迎接它到来的准备，要知道，机会往往是留给有准备的人的。

机会在哪里？我们的命运之神在哪里？可能我们一直在想，一直在问，也一直在寻找，一直在等待。可能我们找了三天、五天、一个月，终于被我们等到了，在那一刻我们感觉到自己的幸运以及上天对我们的眷顾，所以我们全力以赴的奔向自己的理想，实现了自己的愿望；也可能我们等了三天、五天、三年、五年、甚至几十年，一直都没有看到机会的影子，然后在声声的抱怨、嗟叹以及遗憾中走完自己的人生……这都是有可能发生的事，因为在这个世界上变数太大，有很多时候我们坚持的也并不一定是我们可以得到的，而机会也一样，即使我们一心虔诚地在那里等，仔细地寻找着它，可是有时候还是可能会无功而返。当然，机会并不是每个人都能找到，都能把握住的，就是它的难以捉摸难以把握，所以才显得弥足珍贵。但是这并不是说机会就是一个幻影，每个人都拿它没有办法，因为对于一个能够发现并且把握机会的人来说，他的机会就一直在他的身边，因为对于他来说处处都是机会。

多年以前，有个年轻人乘火车去某地。列车行驶在一片荒野中，在一个拐弯处，火车开始减速，这时前方出现了一幢异常醒目的平房，尽管很简陋，但在一望无际的荒野上，这平房却显得格外"抢眼"。这个单调旅途中的特殊"风景"，让乘客们纷纷议论起来……

年轻人在见到这幢房子的瞬间，内心为之一动——这房子是不是会有更大的用途呢？

返程时，年轻人在此地下了车，不辞辛苦地找到了那幢房子。房子的主人告诉他，火车的噪音使他不能忍受，他正想出售这幢房子，但卖了很久也无人问津。

年轻人用3万元买下了那幢平房后，开始和一些大公司联系，希望有公司能在这里做广告。后来IBM公司看中了这个地方特殊的广告效应，在三年的租期中，支付给年轻人18万元租金。

乘火车的途中都能发现机会，这难道不能说是在我们的身边处处都

卷二：细致职场——在黑暗中点亮一盏明灯

97

有机会吗？我们还需要坐在大树下面苦苦冥想苦苦等待吗？所以说，与其羡慕别人的一些机会以及他们的成功，还不如去学习人家是怎么样发现机会并且把握机会，然后获得成功的。其实，机会的寻找跟很多事情的发现一样，需要我们的眼光，也需要我们的细心以及对事情的思考，也需要我们的勇气去迎接它的到来。既然机会需要我们的眼光和思考，那么，我们如何在身边寻找机会并且把握机会呢？

1. 学会和那些富有创造力的人交往

我们都知道，那些很有创造力的人很多时候都比我们一般人对机会要敏感，并且他们能够识别机遇。如果我们经常跟那些富有创造力的人交往，我们也会慢慢地被他们敏锐的洞察力所影响，我们也就慢慢地能够发现在自己身边的机会。

2. 记下让你感到惊奇的事

其实很多的惊奇都孕育着机会都是开发我们的创造力的一个良机。当我们对某件事情、某个事物感到惊奇的时候，我们的探求欲就会被激发出来，然后自己在不经意间就可以有很多的构想以及深刻的见解，这就是机会的源泉。所以，在任何时候都不要忘记随身携带一个小小的记事本或者一台数码相机，在适当的时候记录下每一件使自己感到惊奇的事情，我们将会在这些惊奇中看到奇迹。

3. 记录你能想到的可能性

灵感有时候来源于我们的思考，在我们想象一些事情的时候，那里往往有着智慧的花火。所以，在我们自己想象一些事情的时候，不要忘了将其记下来，将自己头脑中产生的每一个可能的方案都记录下来，这样我们就可以在自己记录下来的那些想法里找寻到机遇。

4. 学会聆听

"有一千个读者就有一千个哈姆雷特"，所以我们要学会聆听别人的意见，倾听别人的想法。由于我们个人知识的有限性以及视野的局限性，所以我们要学会在他人那里学到自己所不了解的事情的另一方面，并且也要通过他人的思想来弥补自己思考方面的不足。这样我们才能在一些思想的碰撞中找到一些新的发现，从而抓住机会的尾巴。

5. 不论何时都要心存感激

良好的心态是我们成功的必备条件。心存感激是我们解除怨恨消除自满的一副良药。有时候怨恨和自满会使我们的目光变得模糊，也会让我们的神智变得不清，对于一些事物的发现以及反应也会变得迟钝。而解除怨恨以及自满的最好的方法就是心存感激，不管是对自己的处境，还是对待别人。感谢我们的天赋，感谢我们的不足，感谢我们的缺陷，感谢我们的成功……只要我们心存感激，那么我们肯定会看到这个世界对我们的招手，那我们还何愁找不到机会呢？

心灵花园

机会不在茫茫无际的天空，机会也不在浩瀚无比的大海，机会就在我们的眼前，在我们的身边，在我们触手可及的地方。只要我们愿意细心去寻找，仔细去聆听，用宽大去包容，那么总有一天我们会将机会把握在自己的手中。

5. 我比你成功，因为我比你快一步

有时候，成功与失败可能只是在一分钟或者一秒钟的差距。所以在很多时候，我们的犹豫不决、瞻前顾后很可能都是让我们失败的原因。如果在我们产生了灵感，想到一些创意的时候，记得要比别人快一步将其做出来，那么我们成功的机率就会比别人大一些。

12年前，一位刚从某大学电子工程系毕业的小伙子，在厦门的一家商场里做了商场营业员。虽然如此，但小伙子还是时时关注着身边的每一件事，希望能找到创业的好机会。

小伙子在商场里负责小家电产品柜的促销导购，有一天快下班时，一位顾客走进商场想购买一款用于清新空气的杀菌机器。小伙子向他推荐当时最流行最热销的臭氧消毒机，可那位顾客对此并不满意，他还想要具有过滤空气清除颗粒灰尘的功能，于是小伙子又向他推荐了单独的空气净化机。但这同样不行，因为顾客又嫌多买一个机器回家占地方，而且价格也贵。一番考虑后，顾客什么也没有买，遗憾地走了。

看着顾客离开，小伙子看了看四周的产品，是啊，所有的空气净化器和空气消毒机，都是单一性的产品，没有综合功能。小伙子禁不住想：如果将多种功能集中在一起，既能避免顾客买了多种机器在家摆放占地的不便，还能降低成本，让顾客受益，岂不是更好？

"我一定要比别人快一步实施这个灵感！"他在心里想。经过半年努力，小伙子终于成功地将HEPA过滤技术、负氧离子、臭氧技术这三种技术集中在一起，设计出了具有多重功能的空气清新机。高效HEPA过滤网，可过滤空气中99.9%以上的尘埃微粒、花粉、细微毛发、螨虫尸体、烟雾等；采用活性炭，具有强大的吸附作用和脱臭功能；每秒钟散发150万个负氧离子可增强心肺功能、提高人体免疫力；经过空气干燥后的臭氧，纯度更高，杀菌能力更强。

产品技术完善后，小伙子又设计出了更具人性化的样机，之后，他带着样机找到了好几个生产小家电的厂家，希望能与他们一起合作，但是厂家却表示只能由小伙子付款，他们才肯生产，至于双方合作，他们并不愿意承担其中的风险。在遭到屡屡拒绝后，他还是成功了，小伙子也很快拥有了自己的公司，在之后的几年里，小伙子又研发出了一系列功能和外观都全新的机器，在市场上一亮相就受到了国内外客商的青睐，并且都成功申请了专利。到目前为止，小伙子的业务已经涉及全球22个国家和地区，随着产品不断外输、公司不断壮大，小伙子的名声也日益远扬，没错，他就是被业界和媒体称为"空气清新机革命者"的罗光明！

确实，这就是罗光明成功的原因，成为"空气清新机革命者"的原因。他在自己发现问题并且有了一项创意的时候，不是将其一直存放在自己的脑袋里，并且寻找机会才将其做出来，而是在发现了这个创意的时候，快速的将其付诸实践，不管多么困难，他都迎难而上，以最快的速度做出自己的作品，并且想尽办法让其得到认可，这就是他与别人的不同之处，也是他走向成功的关键点。

其实在我们的工作中，有些人并不是没有创造力，也并不是没有灵感，只是他们有时候会被自己的思想打败，也有时候会被现实打败。有的人当自己有一个很好的想法的时候，可能会在自己的脑袋里面勾画出那个想法的可行性方案，但是在这个方案的勾画过程中当然也会面临很多要解决的难题。譬如资金上的难题，技术上的难题或者其他的原因，但是在经过重重思考后，他在还是没有办法解决的情况下会选择放弃，所以他的那个想法跟没有想法的人有了一样的结果，那就是它只是存在于意念世界里面的一个东西。任何事情、任何想法如果我们不去付诸实施，那么即使它再怎么好，再怎么具有意义，也永远变不成现实。当然有的人就不一样了，他们在有了一些具有意义的有创意的想法的时候，在自己无力解决一些问题的时候，他们会求助其他的人们或者一些机构，将自己的思想与人分享，迅速地让自己的想法变成现实，并且快速地进行实施。就像是上面故事中的罗光明一样，在有了一些想法后他就快速地去实施，比别人快一步研究出那些产品，当然也就是他的比别人快一步的做法，为他赢得了成功。

成功与失败，有时候就在我们自己的手中，可能在我们的一念之间，在我们的一个行动力，只要我们在有思想有灵感的时候将其记录下来，并且付诸实施，那么即使是再艰难，我们也有看到自己的成功的那一天，但是我们一直将自己的想法以及创意搁在心里，放在自己的脑袋里，那么它永远都不会给我们带来任何的利益，也当然不会给我们带来成功，只是让生命中的遗憾又增了一条。所以，为了成功，抓住自己的灵感抓住自己的创意，比别人快一步实施自己的想法，做出自己的创意，那么成功就会离我们越来越近。

心灵花园

成功有时候不仅仅需要我们的思维以及我们的创想，有时候更需要的是我们将自己的创想变成现实的那一份勇气，以及为这个创想比别人快一步付出的行动。

6. 去留随意，宠辱不惊

去留随意，宠辱不惊，这不止可以是对人生的一种深刻的理解与感悟，也可以是对职场的一种得心应手游刃有余的对策。去留随意，宠辱不惊的职场人生经得住起起落落的折腾，也受得了狂风暴雨的洗礼。

去留随意，宠辱不惊，说起来容易，可是真正能够做到的又有几人？在我们的工作中，职场就像是一个充斥着各种颜料的大染缸一样，什么颜色都有，什么样的事情都可以出现，也都可以发生。所以如果我们没有良好的心态，没有那一份宽大的胸怀，那么我们就很难在职场上安全地、成功地生存下去。

去留随意，宠辱不惊是一种心态，更是一种修为，也是在职场上可以应对一些发生的事情的一种对策。当我们的工作中出现重大的问题，当我们被老板冷落，在公司里惶惶度日，我们可以用去留随意，宠辱不惊的心态去面对，看清人生中职场中发生的那些事情，以一种平和的心态，感恩的心态去看待，感谢人生以及职场给自己的那些成长，因为不管是什么事情的发生也会引发我们的思考，也会帮助我们成长；当我们面对上司的奖赏，面对自己事业的辉煌，以及公司的承认，行业内的肯定及嘉奖，我们也可以用这种心态来面对，这样我们就会避免因为自己的成功与一时的得意而造成的一些失误，也会避免因为自己的自满与自负而造成一些不必要的麻烦。

不管我们身居高位，万人瞩目，还是仅仅只是公司的一个小职员，我们都应该正确地对待人生以及事业上的起起伏伏，这样我们才能在职场中保持自己的优雅。说起各种职业的风云变幻，首先当属娱乐圈了，可能昨天你还是众人吹捧的天王天后，今天你就已经成了一个绯闻缠身万人唾弃的过气明星。在那个复杂的职业圈里，每个人都应该有自己一个应对的方式。

在低调处事的当代名士中，一定有娱乐圈里的陈道明。

他在圈中总是显得很低调，从不"显摆"，也不太和圈里的人来往，这并不是他孤傲不群，而是他始终坚持着一种清微淡远平和自然的生活方式。他待人接物总是诚恳坦率，也从不虚张声势疾言厉色，从他的脸上看到的几乎总是诚恳的笑意，他与朋友说话时的语调平静而舒缓，眼睛热情地看着对方，带给人一种特别亲切的感受。他尊重普通工作人员，每拍完一部片子，他都要请他们吃一顿。他说："在工作中，大家的地位是平等的，我们没有理由趾高气扬。"私下里，他脸上总是挂着一抹神秘的表情，身处热闹的娱乐圈却深居简出，甚至不常在颁奖典礼亮相。

他说："演员这个职业让我经历了不同的人生，也给我带来了名利。

我挺注意过程，不太注意结果。我认为只要自己尽力了，哪怕失败了，也哈哈一笑。如果有一天名气不再，我不会失落。早已做好落差的准备，就是酒盈杯、书满架。"

这就是那个神秘莫测的陈道明，我们可以在他的神秘莫测的后面看到他的冷静与笃定，也可以在他的行为以及语言中看到他对这个社会上所有纷纷扰扰的平静与淡然，他低调如此，也优雅如此，不管是对生活还是自己的事业。就是这份宠辱不惊的心让他的人生他的事业显得那么的从容以及淡定。

这样的一种修为不是我们每个人都可以达到的，这种心态也不是随随便便就可以拥有的。那么，我们应该怎样去做到去留随意，宠辱不惊呢？

首先我们应该让自己离泥土近一点，让自己的心贴近大自然，偶尔逃离一下那纷繁复杂的工作，去体会一下大自然的那种从容与淡然，那种大度与包容，那么我们烦躁的被职场中的事情所缠绕着的那颗心，也就会得到解脱；其次我们要离自己的心灵近一些，不要让那些欲望以及物质蒙蔽住自己的眼睛，很多时候当我们欲望越大想要得到更多的时候，我们就越来越不容易满足，也越来越不快乐，最后也陷入尘世的喧嚣之中，致力于功名的争夺，最后为人所不齿，也让自己被自身所累。

人这一生本来就不是一段平静的旅程，也不是一次一帆风顺的航行，不管是自己的家庭还是自己的事业，都会遇到一些坎坷一些困难，如果我们面对生命中的困难，面对自己事业中的那些坎坷，能够保持一份淡然的心境能够保持一份坚韧，那么我们就没有过不去的坎；面对人生中的坦途与一些辉煌，如果我们也能从容面对，做到不自满不自负，那么我们的人生我们的事业也会经得起起起落落的折腾，更能受得了狂风暴雨的洗礼。

心灵花园

去留随意，宠辱不惊，让我们用一颗平常的心以及淡然的心态去面对人生途中职场中的那些事情，做到有事超然处之，得意淡然处之，失意泰然处之，用自己的优雅从容去面对这个世界，面对自己的人生。

7. 不是主角，就做最优秀的配角

一场戏，有主角也有配角，职场也是一样。如果我们当不了职场中的那个主角，我们就去做那个最好的配角，当好自己的那个角色，演好自己的那部分戏，即使是配角，我们的人生也一样精彩，我们的事业也一样成功辉煌。

世界不是由某个伟人来主宰，我们的社会也不是由那些个别的精英分子或者一些社会上的主角所推动，相反我们的世界我们的社会却是由我们这些平平凡凡的人们，在任何的场合都可能够不成主角的人来影响来推动的。例如，一个公司如果只有主管，而没有员工的话，就算他们有再好的计划再好的方案，缺少了执行的那些人，他们的那些计划以及方案也只能成为一纸空文。所以说如果我们只是这社会中一个平凡的人，只是公司里一个小小的职员，或者国家军队里的一个普普通通的通讯员，或者一部电影里的一个微不足道的角色，我们都不要为自己的职位，为自己的工作以及自己的渺小而感到悲哀，因为我们要知道即使是平凡的小草也可以装点春天的美丽，即使是微小的星辰也能点亮天空。所以即使我们不是这个社会中或者自己所在的领域里的那些主角，只是一个微不足道的小配角，我们也要尽自己最大的努力做好那个配角，并且去做那个最优秀的配角，发挥我们应有的作用，努力让自己的人生变得完美，努力让自己的事业走向辉煌。

怎样才能做好这个社会的配角呢？那就是在自己的心里不要将自己当做配角来看待，而是把自己当做主角来对待，因为每一个人都应该是自己人生的主角，这与自己的社会地位以及那些社会头衔无关。做好自己人生的那个主角，我们也就是这个社会上的最优秀的那个配角。

他很小的时候就开始接触演艺圈，年仅4岁就已经在电影里登台亮相。然而，他在演艺圈摸爬滚打了多年，比他迟出道的朋友都一个个功成名就了，他却依然还是一个默默无闻的角色，只是偶尔当当配角，在一部长达两三个小时的影片里出镜三五分钟，还得看导演的脸色。

同行的朋友都把他的失败归咎于他"不会做人"。其实他并不是没有获得过表现的机会，只是他每次得到上镜的机会时，总是要跟导演争论，要不就是擅自改戏。大气点的导演还会给他解释的机会，有的导演则往往二话不说就撤了他。于是，到二十三四岁之后，他便开始遭遇戏荒，接连几年没有登台演出的机会。

然而，他"不会做人"的秉性却依然故我。28岁那年，他好不容易在一部12集的科幻电视剧中获得了一个角色，可他老毛病又犯了——他认为自己扮演的这个角色不仅戏少，而且还有不少不妥之处，于是又和导演理论了半天。

所幸的是，这一回导演并没有撤换他，并破天荒地认可了他的意见：不仅给他加了戏，还让他在这部电视剧中饰演多个角色。后来，这部电视剧获得了很大的成功，他也凭着在该片中的出色表演逐渐引起了导演们的注意。

1987年，他凭借着超人第四集《寻找和平》进军好莱坞。90年代以后，他的演艺事业开始步入高峰，他成了英国最受欢迎的演员，而他在《小声音》《复仇者》等影片中的表演也进一步巩固了他在英国甚至世界影坛的地位。2002年3月,《艾瑞丝》一片又为他捧回了奥斯卡小金人——最佳男配角奖。

他就是英国著名演员吉姆·布劳德邦特,因为他在演艺界的杰出贡献,因为"很少有配角能像他那样始终如一的甘当绿叶",他被誉为配角大师。

有一位比他迟出道的后辈,问他为什么在一个小小的配角上也能取得如此巨大的成绩?他把自己的成功经验归结为一句话:把配角当主角去演绎。他说:"我从来没有想过自己扮演的角色是配角,事实上,每一个角色我都是像主角一样去演绎的。更何况,演戏是我的生活呀,在我的生活中,我就是主角,我又有什么理由把自己放到配角的位置上去呢?"

把每一个角色都当做主角去演绎,这就是吉姆·布劳德邦特的成功经验。他认真地对待每一个角色,认真地对待自己生命中的每一次演绎,所以他成功了,他就是最优秀的那个配角。

所以,不论是在我们的生活中还是工作中,千万不要因为自己扮演的角色的卑微或者渺小而去抱怨自己或者心灰意冷,提不起精神。因为我们要知道,就算是我们扮演的是一个不起眼的配角,但是在我们自己的心里都要将其当做一个主角来演绎,因为每个角色都有它自己的效用,只要我们能够演绎好它,那么它也能给社会创造财富,也能给我们的人生带来成功,给我们的事业带来辉煌。

心灵花园

即使是配角,也要把自己当做一个主角来演绎,因为每个人都是自己人生的主角。不论何时,都把自己当做一个主角来演绎,用我们的热情我们的智慧以及我们的生命去演绎属于我们自己的那个角色,那么我们就是最优秀的那个,也是最耀眼的那个。

8. 妥善处理与老板之间的关系

在职场，老板可以说就是我们的衣食父母，也可以说是主宰着我们的命运。但是这并不是说我们一定要对自己的老板阿谀奉承，曲意逢迎，因为很多时候老板看中的并不是我们对他的吹捧，而是我们给他带来的价值和利润，所以对于跟老板的相处，我们要掌握一定的技巧，也要把握一定的度。

对于与老板的关系的处理，可能每个人都有自己的看法，也有自己认为最恰当的处理方式，但是如果我们显得过于目中无人，以自己的才华以及自己的业绩为借口，嚣张跋扈，而不把别人放在眼里，那么总有一天我们因为自己这样的态度而吃亏。因为如果遇到一个宽宏大量的老板，可能他会容忍我们所谓的嚣张与恃才傲物，他会为了自己公司的利益而不去与我们有所冲突，但是如果我们遇到一个心胸狭隘，或者对员工的品德以及修养很注重的老板的话，那么我们就要倒霉了，因为不管我们多么优秀，会带给这个公司多少的价值，老板都不会容忍自己的员工对他的不敬。所以要想在自己的职场生存下去，那就千万不要让自己的傲气带到自己的老板那里去。当然，也不是说我们在老板面前只是阿谀奉承、曲意逢迎就会得到老板的赏识，因为我们要知道，这个社会很现实，如果我们不能为公司创造一点的价值，那么就算我们跟老板的交情再好，我们怎样去恭维自己的老板，他们也会毫不犹豫地将我们开除掉。在职场中如果我们想要安全地生存下去，那么就千万不要踩到老板的那片雷区。

既然这样，那么我们应该怎么样去处理自己与老板之间的关系呢？首先我们要做好自己的本职工作，保证自己能给这个公司带来价值以及利润，这是我们跟老板处好关系的最基本的一个条件。有了这个条件以后，我们就可以适当的运用一些技巧来处理好自己与老板的关系。

1. 正确看待自己的老板

我们要知道老板是人，不是神，即使他们是我们的衣食父母，可能一时主宰着我们的命运，但我们也不能将其看得太重，而去一味的恭维他、奉承他，因为我们这些做法常常会引起老板对我们个人人品的怀疑，可能还会对我们产生反感的心理。对待老板，我们也要将他们当做普通人来看待，要给予他们敬重，而不是有目的的恭维，要给予他们真诚而不是假意的奉承。

2. 在适当的时候懂得给老板出谋划策

每个人都有自己所擅长的、所不足的一面，老板也一样。有时候在我们的工作中他们也有可能会遇到自己不懂的，需要我们出谋划策，但是这并不意味着我们真的可以将自己摆在做老板的老师的那个位子上。我们都知道，一般身为上位者他们都很注重自己的面子，也很在意自己在员工面前的形象，所以在我们为老板出谋划策的时候就要注意方式了，不要锋芒太露，要给老板提供有建设性的意见。我们可以给老板提供一些选择题，征求他们的意见，那么他们就不会感觉失了面子，也不会感觉一无所获，可能就是因为我们给老板那次建议的经历，让我们以后的事业平步青云。

3. 对老板要真诚，工作出了问题要早汇报

每个人都喜欢真诚的人，老板当然也不例外。他们也希望自己的员工对自己真诚，不要欺骗自己。可能我们会在自己的工作中出现错误，这是正常的，但是如果我们对自己的老板瞒瞒哄哄，不跟他们说出实情，而是选择让老板自己发现，那么我们就要遭殃了，因为可能本来犯了错误只是被骂一顿的后果，如果没有跟老板沟通，向他汇报，那么可能在被老板发现的那一刻也是我们走人的那一刻了。

4. 不去八卦老板的私生活，不去踩老板的雷区

每个人都不喜欢别人知道自己的隐私，老板也一样，他们也不喜欢自己的员工八卦自己的事情。对于老板的私事，我们不要去问，也不要去好奇，更不要去评论，我们只要做好自己的事就好。当然每个人都有自己的雷区，所以要跟老板好好相处，我们也要弄清楚老板的那些雷区，从而尽量避开它们，以免让那些雷炸到自己。

心灵花园

老板也是普通人，所以像跟每个人相处一样，与自己的老板相处，说容易也容易，说难也难，这就要看我们以怎样的方式去对待他们，去与他们沟通。但是只要我们掌握正确的技巧，那么一切也都不会是问题。

卷三：

亲友真情——微小处找到彼此的归属

◎ 第一章 谨小慎微，亲情的温暖需要呵护
◎ 第二章 千金难买，友情的真谛只有在细微处知晓

第一章

谨小慎微，亲情的温暖需要呵护

有人说亲情就像是天空中的那一轮暖日，总不会离我们太远，也不会真正消失，最多也只是偶尔被乌云遮住。可是我们不知道，其实亲情也需要我们小心谨慎地呵护，就像是天空中的那轮暖日一样，即使它不会消失，但也会黯淡。所以亲情也一样，需要我们的理解与守护，需要我们在彼此的关怀以及爱中，让亲情的阳光洒满我们人生的每个角落。

1. 用爱带来一个春天

当我们的世界陷入一片冰冷的的时候，亲情可以给我们带来一个春天。所以不管遭遇什么，不管要承受什么，我们都不要悲伤更不要绝望，因为在我们的身后还有一些人，支持着我们，鼓励着我们，更是用他们的爱为我们撑起了一片天空。

有人说：亲情是荒寂沙漠中的绿洲，当我们落寞惆怅，软弱无力时，看一眼就会满目生辉，我们的心灵也会得到甘甜，而我们也就会远离孤独，于是我们便会疾步上前，让自己的人生继续充满希望；也有人说：亲情是黑夜中的北极星，总是在我们目标模糊，不知道何去何从时给我们指引方向；当然也有的人说：亲情是我们航行中的一道港湾，当我们一次次触礁时，就可以缓缓驶入，在那里没有狂风大浪，我们可以稍作休息，去疗养那些创伤，然后继续上路……不管亲情是什么，那都是我们生命中不可缺少的一部分，也是在我们陷入泥沼，生命有了迷茫的时候的搀扶与指引，更是在我们陷入一团冰冷的时候给我们带来的一个春天。

可能在我们的人生中我们会遇到很多的困难，也会经历很多的挫折，有时候甚至会被命运捉弄得倒地不起，对人生产生绝望。但是这时候，如果我们能够感受到亲人的支持，能感受到他们的关爱，并且如果他们能用自己的爱来给我们营造出一个春天，让我们绝望的心注满希望，那么我们就有可能战胜困难，在自己的人生之路上继续前行。

有一个叫贝恩的年轻人，在一家工厂上班。他五官生得英俊，并且能歌善舞，所以很受别人的喜欢。但是在一次失误操作中，却被机器压残了双腿。为此，他要死要活地闹了好长一阵子。那一段时间里，他的母亲战战兢兢，小心陪伴着他。有人劝那位母亲，说趁孩子年轻，带着他去好看好玩的风景名胜区看看，多见见世面吧。母亲摇摇头，回答"在家里挺好的，我们哪儿也不愿意去。"年轻人突然就愤怒了，他咆哮着："你哪里也不带我去，你想把我憋疯啊，我看你是舍不得花钱吧！"

母亲好像是做错了什么，站在一边，低着头一句话也不敢说。之后的日子，他动不动就和母亲耍性子。然而，无论他怎么闹，母亲只是闷着头做事，一句话也不说。人们都说，这母亲也太抠门儿了！

几年之后，他成了家，还开办了一家效益不错的工厂。一天，他提议说："妈，现在咱家条件也好了，一家人出去转转吧，好多名山大川，我们还没看过呢！"母亲坐在那里，一边大颗大颗落泪，一边连连点头说："是，孩子，咱们是该出去走走了。"然后，她便颤巍巍地从另一个屋里找来了一包东西。

母亲一层一层打开，里边包裹着厚厚的几沓纸币。母亲满眼噙着泪花："孩子，妈不是没有钱。那些年，不带你出去，不是舍不得花钱，

卷三：亲友真情——微小处找到彼此的归属

113

而是妈不敢，妈怕你看到别人都活蹦乱跳的样子，自己再想不开……"

年轻人听罢，先是一愣，接着就抱着母亲大哭。他终于知道，母亲这些年来，为他忍受了多少的辛酸与委屈。他对着自己的母亲说出了很久之前就想说的三个字——对不起，母亲听后哭得更厉害了，但是她的眼睛里却闪着异常明亮的光芒。

贝恩，在自己失去了双腿后，他的母亲为了不让自己的儿子受到别人的嘲笑，为了不让自己的儿子在别人面前感到自卑，为了不让自己的儿子看到别人欢蹦乱跳的时候伤心，所以就背负着儿子的怨恨，为自己的儿子创造了一片天空，并且带来了一个春天。这是怎样的一种感情啊？能够在怨恨中还惦记着自己的儿子，一生为了自己的孩子而奔波，不喊苦也不喊累，被别人冤枉了也一句话不说，也不去解释，只是为了孩子的幸福以及心灵。

其实在我们的生活中，何尝不是这样？那些关爱着我们的人何尝不是用他们的爱给我们带来一个又一个的春天。我们跌倒了，父母教着我们站起来，用倔强和坚毅去面对这个社会；当我们陷入种种危机中，自己的亲人跑前跑后帮我们化解危机，并且用自己的行为去教会我们成长；当我们迷茫了，失去了方向，他们依旧是用自己的方式，帮我们寻找人生的目标，并给我们以指引……

所以不管何时，即使我们的人生陷入了一片冰冷，即使是我们无路可走的时候，我们也不要怕不要慌张，因为亲情会给我们力量，会将一个充满温暖与希望的春天送到我们的手里。

心灵花园

亲情是我们陷入一片荒漠时看到的一片绿洲，会给我们水源，会给我们希望；亲情是我们在茫茫大海上航行时的那座灯塔，不管风浪多大，总会给我们正确的指引；亲情亦是生命中的那不可缺少的一丝空气，让我们永远能够顽强地生存下去。

2. 用理解消弭隔代的鸿沟

由于年龄的差距以及生活环境的不同，代沟几乎存在于每一个家庭，也困扰着许多的父母和子女。俗话说：理解是一缕春风，可以驱走酷寒和冰冷。在生活中，不要忘了去相互理解，也不要忘了去相互体谅，用理解与体谅去消弭隔代的鸿沟。

理解，其实不是一个生涩难懂的词，就像是书写这个词一样，如果我们用心去看它，那么很快地我们就能学会它并且读懂它。亲情也一样，当我们因为年龄的差距，因为受到的教育的不同或者成长环境的不同而产生一些隔阂，即所谓的"代沟"的时候，我们可以用理解去宽容那些不同的言行，试着接受那些行为，试着去感触那些行为背后的原因。这样，我们也就不会因为想法以及行为的不同而导致自己与父母亲人之间的不合，避免闹出一些不快。

可能我们会说，让我们怎么去理解？有时候看到父母穿着补了又补的内衣以及袜子，跑去给他们买了新的，可是第二次看到的时候他们身上穿的还是以前的那一两件，这让我们如何去理解？周末放假了，好不容易睡个懒觉，却被父母叫嚷着起床，说是不能睡懒觉，对身体不好，这让我们怎样去理解？跟自己的公婆闹别扭，父母不管三七二十一，就要自己提着礼物去向他们赔礼道歉，也不听自己的解释，这叫我们又如何去理解……确实如此，在我们的生活中常常会碰到这样的事，当然也会碰到这样的父母，可能我们曾经怨恨过他们，曾经因为他们的一些行为偷偷抹过眼泪，但是事情过了，再次想起来的时候也就没有了那么多的委屈与愤恨。因为他们是自己的父母，不管做什么事情都是为了子女的好，只要我们能够理解能够体会，那么我们就不会因为这些小事而与自己父母的关系搞得那么紧张僵硬了。

可能我们经常想到的是父母不能理解自己，但是有时候我们又何尝不是理解不了自己的父母呢？那从小到大的打骂，可能在我们的心灵上留下了很大的创伤，以至于面对自己的父母总是显得拘束以及陌生。但是我们没有想到的是自己年幼时的调皮，以及为了调教好自己父母花了多少的心思，并且有时候我们还会想不开，或者不顾父母的感觉离家出走，而产生这个行为的原因很简单，那就是自己凭空想象的父母不爱自己。其实我们有没有想过，父母做这些到底是为了什么，还不是为了子女的幸福，但是我们却不能理解他们，总是用他们对我们的爱来伤害他们，这样的我们又怎么能一直抱怨他们对自己的不理解呢？其实亲情跟所有的感情一样，也需要彼此的理解与包容，也需要小心谨慎的守护。

沙沙印象最深的一次母亲节，是在她读小学的时候。

记得那天她带上存了很久的零用钱，买了一件闪闪发亮的毛衣，并且兴奋不已地抱在怀里，准备送给妈妈。谁知道在妈妈拆开纸袋拿出毛衣后，顿时花容失色："这是什么东西啊？拿去退了！"

"我买给你的母亲节礼物，不喜欢吗？"幼小的心灵完全破碎。

"我怎么能穿，这么难看，价钱也不便宜。走，去退货。"她不悦地要沙沙带她去那家店，坚持把毛衣退掉。还对她厉声喝道："你这小孩真会找麻烦，以后别再给我买东西了，听到没？"

长大之后回想起来，沙沙的心里还是有点隐隐作痛、酸酸凉凉的感觉。因为在她的意念里是妈妈做错了，是她冰冷了一个孩子炽热的心。于是有一天，沙沙就耿耿于怀地向她的妈妈提起这件童年旧事。

"妈，就算你再不喜欢，也不该骂我啊，我多伤心啊，害得我现在都不敢大胆去关心别人，生怕被骂多事。"

"哦，看来是我做错了。"妈妈感到有些后悔，别过脸去，沉默了很久。突然间，沙沙有一点内疚，也感到后悔。她问自己为什么要跟妈妈翻旧账，责怪她呢？其实想一想，那时她因没理解孩子的心意，伤了自己的心。但是自己也犯了没能理解她的错误，只顾着抱怨，忘了她当时只是个年轻的、辛苦的单身母亲。

在意识到这点的时候，沙沙撒娇似的扑到了妈妈的怀里，虽然已经是一个大女儿，但是还是那样做了，她告诉妈妈："妈妈，其实我知道你一直以来都很辛苦，那时候我只想给你买一个礼物，那是我用自己的零花钱节省下来的，只是想给你一个惊喜。"然后她调整了一下在妈妈怀里的姿势，接着说道："但是即使您那样对我，我也知道您有您的道理，其实我也没有埋怨过您，只是现在说出来，想让您知道女儿很爱您，您也要试着去接受女儿的爱……"听着女儿的话，这个曾经单身的母亲的嘴角浅浅的荡出了笑意。

是啊，我们总是抱怨自己的父母不理解自己，而父母有时候也痛心自己的孩子不理解自己，从而让彼此的距离拉得过远，感情也变得陌生。如果我们都能去思考一下，都能够站在对方的角度去考虑事情，那么再大的年龄差距，再不同的教育背景以及生长环境，也不会滋生出代沟，因为有了理解，一切就都不是问题。

心灵花园

学会理解，学会体谅，让理解与体谅的光芒去照亮我们和自己父母的心灵，让理解以及体谅去消弭存在于我们感情之间的那道鸿沟，那么，我们就不会因为彼此的不体谅而苦恼，而失意。

3. 时时不忘慈母手中线

"慈母手中线，游子身上衣。"这是我们耳熟能详的一句诗，但是能够理解其真正含义的又有几人？谁会理解母亲那在儿女临行前的声声嘱咐，以及在门口苦苦等待时眼里饱含的泪水？所以不论身在何处，不论过得怎么样，身为子女的我们也不要忘了自己母亲的期盼以及岁岁年年的等待。

为了生活，为了工作，我们几番奔波，待在家里的日子屈指可数，看到父母的时光也总是不经意就可以数得出来。有时候很忙，甚至忙得忘了父母的容颜，有时候很累，累得都不知道有几年没有回过家……只是偶尔的一次回家才发现父母的额头那数都数不清的白发以及在他们脸上岁月划出的细痕，才突然意识到他们老了，我们的心也突然间变得很疼，心疼他们那盛在眼中的对子女的深深疼爱，心疼他们已经开始蹒跚的步伐，以及为了自己的又一次出行做出的准备，还有已经挂在脸上的依依不舍与无可奈何。

其实对父母的奉养有时候无关金钱，无关命运，只需要那一份心。即使我们常年在外，只要不要忘记给家里捎一封信，打一个电话，给父母一句问候，给他们一声祝福，那么在他们的心里也一样的温暖，也一样的幸福。如果我们能时不时地回一次家，看望他们一次，让母亲手中的线再拉动一次，让她再为自己的子女缝上一次将要远行的背包，对于他们而言，那就已经是莫大的安慰了。

李波又一次打开他母亲小灵通的发件箱，看到那几十条熟悉的短信，禁不住又一次泪流满面。

有一年冬天，她的母亲住院了。为了联系方便，就给她配了小灵通。因为对于小灵通，母亲不怎么会用，所以李波就在病床上手把手地教会了母亲怎样拨打电话、接听电话。在他的意念里以为小灵通对母亲而言，只是"便携式电话"而已。60多岁的人了，能拨打、接听就相当不错了。

当时母亲在城里住院，他在乡下上班。那段时间他每天中午都给母亲打一次电话，常常是匆匆两三句就挂断了，全然不顾母亲还在电话那端絮絮叨叨。当然母亲有时也给他打电话，说得最多的一句话是："今天我精神好多了，你放心。"要不就是"1床出院了、2床恶化了、3床换了保姆"之类的鸡毛蒜皮的事。李波常常粗暴地打断她的话，说："话费很贵的，我挂了。"有个周末去看母亲，她像是乞求一般地说："我听说发短信便宜，你教我发短信吧！"于是李波就例行公事地给她演示了一遍，说："你有空就慢慢琢磨吧！"顺手将使用说明书递给她。没过多久，李波的小灵通"嘀"了一声，原来是母亲的短信发过来了。母亲呵呵笑着说："以后挂瓶的时候，我就给你发短信。"

母亲说到做到，李波的小灵通像热线一样忙。她在短信里告诉李波她用上新药了、主治医生来看过她了、食欲很好、睡眠也不错……当然最多的是关照李波的生活和工作。每每当李波还在赖床，母亲的短信就到了——起床了吗？不要误了学生的课；每每到了吃饭时间，她的短信又到了——吃饭了吗？别饿坏肚子；每每李波在网上打牌，她的短信又到了——睡了吗？过度游戏有害健康，关好门窗，谨防小偷……当时李波就想他三十多岁了，还不能料理自己的生活吗？就暗地里笑她婆婆妈妈的。偶尔回个短信，也是"电报式"的，"嗯""好""没"是他常用的消息内容。

母亲的病重了，听说她发短信很吃力。他劝她说："还是打电话吧！方便。"母亲笑着说："发短信，既便宜又解闷儿。"之后她扬扬小灵通说："最最重要的是，它不会打断我的话。"听了这话，酸楚像潮水一

卷二：亲友真情——微小处找到彼此的归属

119

样涌上李波的心头。

母亲走的前一天，李波收到母亲的短信："我很好，勿念！"这是她所有短信中最简要的一条。但是李波没料到这会是母亲给他的最后一条短信、最后一个安慰、最后一个善意的谎言。当他第二天早早赶到医院的时候，母亲已经深度昏迷，小灵通就摆在床头。

故事中的母亲在生病的时候还在用自己的方式去关心着自己的儿子，去关心着他的生活，也用那些安慰的话语给自己的儿子宽心，直到自己离开的那天。李波应该是后悔与自责的，因为他没有好好照顾好自己的母亲，也没有好好关心过她，多陪陪她。所以，在我们的人生中，不管何时，也不要忘了去关怀自己的父母，不要忘了那母亲手中的线给自己缝起来美好的世界。

心灵花园

给他们多一些关心，给他们多一些祝福，给他们多一些探望，时时不要忘记慈母线，用心去守护我们的那份亲情，相信我们的人生就不会有那么多的遗憾与自责。

4. 避免"子欲养而亲不待"的遗憾

很多时候，当我们想要珍惜一个人的时候，才发现那个人早已经逝去了，留给自己一生的后悔与遗憾。其实对待父母也是如此，当我们看到他们依然健在的时候不去孝顺他们，当他们离去之后才感到悔恨与惋惜。所以让我们在父母还健在的时候就去孝顺他们，让"子欲养而亲不待"的遗憾不再重现，让亲情之花一直开在我们的生命里。

"孝道"是中华民族的优良传统，自古就有"百善孝为先"的说法。我们在历史的长河中不难找出那些被人们传为佳话的"孝事"以及"孝子""孝女"。

现今社会，常常让我们感到人生真的很累，自己也很忙，我们有很多的事情要去做，我们也有很多的借口孝顺不了父母。但是不论是怎样的艰难，不管我们有多少的理由，我们都不应该不去尽赡养自己的父母的义务，也不能让自己的父母在等待与思念中度过自己的余生。要知道，父母不会嫌弃我们的贫穷，也不会在意我们给他们怎么样的生活，在他们的心中只要能待在我们的身边，能感受我们的心意，就已经是一种幸福。俗话说得好，不要等到失去的时候才去珍惜，确实如此，父母不可能一直守候在我们的身边，总有一天他们要先我们一步而去，为了不让自己一直生活在自责以及遗憾中，就要在他们还健在的时候去孝敬他们，去奉养他们，让他们的晚年在幸福与快乐以及爱的氛围中度过吧！

父母在我们身边的时候，我们未曾关心、照顾他们，直到失去的时候才感觉到痛心疾首，这是怎样的一种悲哀啊！在生活中，这样的悲剧每天都上演着：儿女小的时候，父母花了很长的时间教我们慢慢用汤匙、用筷子吃东西，教我们系鞋带、扣扣子、溜滑梯，教我们穿衣服、梳头发、擤鼻涕……这些似乎随着时间的流逝我们都忘记了，有时候只惦记着父母给我们留下了多少财产，有几处房子，有多少现金……

在我们为了自己的生活奔波的时候，当我们因为父母跟自己的爱人吵架的时候，我们不要忘了，爱情可以寻回，钱也可以再赚，但是我们的父母只有一个，错过了就不会再有。所以，当我们的父母还健在的时候，当我们还能孝顺他们的时候，就好好去孝顺他们，去赡养他们。不要因为工作忙就忽略了他们，也不要把孝敬他们放到自以为可以有空或有钱的将来，要知道他们的要求并不高，只要我们多看看他们，多陪陪他们，多和他们说说话，买些他们喜欢吃的东西，那么他们就会感到很高兴，也很幸福了。

生老病死是自然规律，我们谁也不能逃避，父母也一样。所以，在我们的父母还健在的时候，去孝敬他们，让他们在满足与幸福中度过自己的晚年，也让我们的心灵不要有所亏欠。

心灵花园

避免"子欲养而亲不待"的人生遗憾，其实很简单：在父母还健在的时候去孝顺他们，在他们还能行走的时候领着他们去公园散步，在他们还能唠叨的时候耐心地听他们的唠叨。

5. 亲情是我们最大的财富

亲情就像是一盏明灯，不论我们身处怎样的黑暗中，总能照亮我们前行的方向；亲情也是盛开在我们心里的一枝花朵，总能在有风的夜晚，给我们带来阵阵的清香，让我们感觉到生命的悸动与希望。亲情也是一笔财富，能让我们终生享用，终生受益。

有人认为金钱是最重要的财富，所以不断地去追逐，穷尽一生；有人认为权势是最重要的财富，所以也不停地去拥有，付出所有；也有的人认为精神财富是最重要的，所以也一直在追求精神上的满足，即使摒弃一切的物质，也在所不惜……但是要知道在我们的人生中，亲情也是我们人生中最大的财富，能够被我们终身享用。

人这一生，总是会被三种主要的情感萦绕，那就是亲情、爱情以及友情。友情对我们来说是一种无关血缘的特殊的感情，让我们能体会到相知相惜，以及危难之际义不容辞出手援助的义气；爱情能让我们体会到一种连父母都不能给予的亲密，能左右我们的心情，也能让我们体会到生命的喜悦以及生活的幸福；亲情，却是一种根植在我们血液里的，挥也挥不去，忘也忘不了的刻骨铭心的感觉。自出生起，我们就沐浴在亲情的恩泽里，直到我们生命的尽头，即使失去了友情爱情，亲情也不会离我们远去，而会一直陪在我们的身边。所以，亲情，对于每个人来说就是一种可以享用一生，可以牵绊一生，可以陪伴一生的一笔无价的财富。

英国物理学家布拉格，小时候家里经济条件差，但是在他的人生路上，亲情给了他力量，也帮助他实现了自己的梦想。

他当时在学校读书的时候，父母无法给他买好看的衣服、舒适的鞋子，他常常衣衫褴褛，拖着一双与他的脚很不相称的破旧皮鞋。但是年幼的布拉格从不曾因为贫穷而感觉自己低人一等，他更没有埋怨过家里人不能给他提供优越的生活条件。那一双过大的皮鞋穿在他的脚上看起来十分可笑，但他却并不因此自卑。相反，他无比珍视这双鞋，因为它饱含着父亲的爱，它可以带给他无限的动力。

这双鞋是他父亲寄给他的。尽管父亲对此也充满愧疚之情，但他仍给儿子以殷切的希望、无与伦比的鼓励和强大的情感支持。父亲在给他的信中这样写道："……儿呀，真抱歉，但愿再过一两年，我的那双皮鞋，你穿在脚上不再大……我抱着这样的希望，你一旦有了成就，我将引以为荣，因为我的儿子是穿着我的旧皮鞋努力奋斗成功的……"这封寓意深刻、充满期望的信，一直像一股无形的力量，推着布拉格在科学的崎岖山路上，踏着荆棘前进。

在那些艰苦的岁月里，父亲的那双旧皮鞋以及那一封信一直提醒着他，一直给他鼓励、给他动力，也让他不畏艰险地最终走向了成功。其实，在我们的人生中，在我们前进的旅途中也跟布拉格一样，总有那么一两个人在关注着我们,支持着我们,不管我们成功还是失败,他们都一直对我们不离不弃,一直陪着我们度过一次又一次的风险与磨难。这就是亲情,是任何东西都替代不了的牵念与支持。有时候,可能所有人都会抛弃我们,但是亲情不会,不管我们有过如何的尴尬,有过如何的伤痛,或者有过多少的误会,但是只要我们遇到困难、遇到灾难,亲情就会像是一泓清泉,包裹住我们的身心,让我们感觉到温暖与安全。

在我们的生活中,我们可能曾经因为种种原因抗拒过自己的父母,嫌弃他们管得太多;也曾经责备他们;甚至想过要和他们决裂,从此远走他乡……但是有一天,当我们真正不再受到父母的庇护的时候,可能我们才会发现自己的羽翼还不够丰满,我们还无法独自面对生活中的风风雨雨,我们还需要自己父母的支持……其实当我们坐下来,细细品味生活的每个小片段的时候,我们会发现在我们的生活中处处都有亲情的足迹。

亲情似乎就像是一条古老的藤,承载着对岁月的眷恋,和对往事的缠绵。并且在虬劲的枝蔓里,也写满了思念、宽容、等待,并且凝聚了过去、现在、未来。亲情也是我们艰苦岁月里的一丝温暖,总能在我们最艰难的时候,给我们力量,给我们鼓舞,让我们绝望的时候心生希望;亲情更是承载着亲人的期望的一叶扁舟,总在我们迷失方向的时候给我们提醒,让我们知道自己我们的目标以及知道我们身上承载着的希冀。

亲情是我们可以珍藏一生的一笔财富,也是可以照亮我们前行的道路的一盏明灯,总在我们失落的时候给我们鼓舞,给我们力量。让我们去好好珍藏它,品味它,直到生命的尽头。

心灵花园

亲情,是一条缠绕在我们生命中的一条金丝带,让我们的心相拥,让我们的爱汇集。亲情让我们不论是在艰涩的岁月里还是在平静的时光里，都能体会到一种温暖，并且让我们感受一种剪也剪不断的真挚的情感。

6. 亲情，让我们不再孤单

再冷漠的心，在亲情的温暖下也可以融化；再深的寂寞，在亲情的驱赶下也可以化做虚无。亲情就像是那深沉的黑夜中的陪伴着我们前行那个精灵，只要我们注意就可以看到它陪着我们的脚印，让我们的路途不再寂寞，也让我们的人生不再孤单。

每走一段路，我们就会有自己不同的感悟，每看一处的风景，我们就会多一点对大自然的赞叹。人生也是一样，当我们从尚在襁褓中的幼子长到如今的亭亭玉立或者玉树临风，再到白发苍苍步履蹒跚，我们或多或少都会有一些收获，也有一些自己的想法以及对生命的理解，对生活的感悟。

人生路上，很多时候我们都感觉自己一个人在走，所以在很多的时候我们也会感觉到莫名的孤单和寂寞。所以我们就去找寻，找寻友情，找寻爱情，希望能从理解以及彼此的亲密接触中让灵魂不再孤单，让身影不再寂寞。但是当我们找寻到了友情，找寻到了爱情，可是有时候还是会感觉到孤单，因为在我们的心中似乎还应该拥有一种感情。那种感情不是朋友之间的心有灵犀，也不是爱人之间的亲亲蜜蜜，而是一种血液里面的牵连，是一种让我们有归属感的情感。是在我们知道自己犯了错误的时候有人问候的感觉；是一种在我们累了的时候可以休息的随意；也是一种在我们有了喜事的时候可以给我们祝福的并且代表着家族的重视；它是渗透在我们血液里的，是我们无法抛弃的那种情感。它不会在我们功成名就或者一帆风顺的时候锦上添花，也不会时刻围绕在我们的身边阿谀奉承，只会在我们遭受磨难遭受挫折一蹶不振的时候雪中送炭，给我们冰冷的身边点燃一堆篝火，在我们寂寞的心灵里种植一个春天。

在广东潮州的一个小山村里，有一个村民叫余昌鸿，他不幸患上了尿毒症，巨额的医疗费即将压垮这个普通的家庭，但是，余昌鸿没有放弃希望，因为让他割舍不下的是那一份血浓于水的亲情以及陪伴着他艰难寂寞灵魂的那些亲人。

躺在病床上的余昌鸿静静地看着妻子和儿子忙碌的身影，内心却无限忧伤，是一场突如其来的灾难让这个曾经充满欢笑的家庭面临困境。

在一年前，余昌鸿突然感觉腰酸、浑身疼、无力，于是就去医院检查，查后是肾功能衰竭，尿毒症，已经第二期，并且快到后期了。每天，剧烈的疼痛让余昌鸿备受折磨，无助的他只能睁着双眼看窗外日出日落，看病床前的亲戚走了又来。

余昌鸿的姐夫是个渔夫，总是出海捕鱼，但是在捕到鱼之后他就留几块钱做生活费，剩下的就全部给余昌鸿治病。在治病的过程中，余昌鸿自家的积蓄全部花光，亲戚也都竭尽所能，然而，"尿毒症"就像一个深不见底的泥潭，让这个一筹莫展的家庭越陷越深，而余昌鸿的心理负担也越来越重。

在这家的墙壁上没有一丝的装饰，仅有儿子鲜艳的奖状给这个灰暗的屋子带来一丝亮色。余昌鸿说，自己三岁时父亲就离开人世，是母亲一人含辛茹苦把他们三兄弟拉扯大。现在，他多么害怕儿子瘦弱的肩膀也要像自己当年一样，过早地承受着与年龄极不相称的压力。

余昌鸿以前是一名乡村医生，一年前，他还在救死扶伤，如今，却不得不躺在病床上。想到自己的儿子，想到日夜做珠绣的妻子，想到年迈憔悴的老母亲，余昌鸿唯一的信念就是活下去，因为他觉得有了亲人的守护，即使再大的痛苦他也要坚持下去，为了孩子、妻子、母亲的日夜守护，为了他们的不放弃，以及在这条与病魔抗争的路上的坚持，他一定要活下去，而且要每天积极乐观地活着，因为不管他现在遭遇着什么，他都不曾感觉到孤单，也不感觉到绝望，因为在他的身边有亲人的守护，有他们的陪伴，有他们的爱与奉献，他不会放弃生命。

有时候生活可能会让我们措手不及，而我们的生命有时候也会陷入困境，遭遇意想不到的灾难。虽然困境、灾难都有可能打倒一个人，打倒一个家庭，但是却打不倒他们之间的真情，也打不倒那凝结在心中的希望。所以，不管何时，有了亲人的陪伴以及支持，有了亲情的围绕以及鼓励，那么，再艰难的路我们也能走下去，再深的寂寞我们也可以剔除。

其实我们并不孤单，只要我们用眼睛去发现，用自己的心去感受，我们就会发现在人生的旅途中我们并不孤单，我们身边有亲人，有爱着我们，关心着我们的那一颗颗真挚的心。

心灵花园

亲情就像是一盏在黑暗里指引我们前行的明灯，只要我们能够感知，只要我们能够解读，我们就一定能够感受到它的光辉，并且在孤单的航行中准确无误地到达自己的目的地。

7. 做一个感知亲情的有心人

有时候，亲情也需要我们的发现，也需要我们去留心，去小心地呵护。所以，在亲情中也去做一个有心人吧！让那些细微的关心去渗透我们每个人的心灵，让细细的温暖去照耀我们每个人的灵魂。

有时候，亲情是不易察觉的，但又是实实在在的。

小时候，没有多少的记忆，但是可能让我们记忆最深的，就是冬天的时候母亲给我们穿着的厚厚的棉袄，以及那双永远都不会落下的厚重的手套，不管家里多么的困难我们总是可以穿得暖暖和和，和自己的小伙伴打着雪仗，互相追逐，但是我们却忽略了母亲那件发旧的已经很薄的棉袄，也忽视了她那双冻得发红发肿的手；长大了，我们有了记忆，也有了自己的思想。在与父亲下棋时，我们懂得了争辩，也知道了何为输赢。有时候父亲有可能借口悔棋，便引起了我们的不快，所以与自己的父亲闹翻。然后不知道是在多少天，我们都不跟自己的父亲讲话，也尽量逃避着他们的眼光，只为守住自己的骄傲。但是我们忽视了父亲那一双有点暗淡的眼睛，那是在为自己一时的逞强而饱含的深深的自责与不安；有了自己的儿女，有了自己的家庭，我们可能因为自己的生活把父母一时撇到了脑后，只在他们生病或者身体不舒服的时候才突然想起他们，也想到自己已经不知道有多久没有回家去看看他们，去关心他们了，这时我们已经不敢去想象父母那苍白的发丝，以及爬满皱纹的眼角，因为我们害怕自己会失声痛哭……

这就是亲情，陪伴着我们一生，并且最不容易察觉的，也是真真实实存在在我们生命里的东西。我们不能拒绝，更不能舍弃。不管我们有没有去注意，它都在那里，安安静静，不管我们有没有去关心，它也一直在那里，直到我们生命之水只剩下最后一滴，它还是在那里。坚持着它所坚持的，守护着它所要守护的。

李文在他的生活中最近发现了一个颇为奇怪的事情。就是母亲最近似乎对他的情况了如指掌。工作遇到点麻烦，身体稍微有一点不适，和妻子闹了一点小别扭，她总会在第一时间打来电话，虽不直接点破，但嘘寒问暖让他颇觉安慰。

刚开始他还以为是心有灵犀，后来还是忍不住问了一下母亲。母亲在电话那头神秘地说："嘿嘿，不知道了吧，你爸是你的粉丝啊。"他更加纳闷儿了："我的粉丝？"

母亲笑道："你爸开通了微博啊，已经成为你的粉丝了，所以你的一言一行尽在他的掌握中哦。"原来是这样！不过他的微博粉丝有几百号人呢，难怪他隐藏着没被他发现。

不过随即他又疑惑了："爸用笔画在手机上打字，一分钟才能输入两三个字，他开通微博干吗啊？""他哪里要发什么微博呢，就是为了知道你的近况呗。"

他一时语塞。想想平时一个月都难得给家里打个电话，即便打了也是和母亲拉家常，和父亲的交流或许就是每年春节时的那几次喝酒了。

搁下电话，他立马登录微博，果然找到了一位来自老家的"粉丝"。他没有一条主贴，而在他的每条微博后，几乎都有简短的回复。

那次被领导误会了，他发了一条："上班就那么回事儿，要么忍，要么残忍。""铁杆粉丝"回："别放弃，坚持。"

那次和妻子吵嘴了，他发了一条："爱情究竟是炼狱，还是天堂？""铁杆粉丝"回："好好生活才是真。"

那次在银行排队无聊，他给旁边的一只小狗拍了张照片。"铁杆粉丝"回："可爱。"

那次拍了新房的照片，铁杆粉丝回："漂亮。"

那次感冒了，他发了一条："可恶的感冒，究竟什么时候能好？""铁杆粉丝"回："多喝水，保重。"

……

仔细数了一下，他前后总共发了56条微博，这位"铁杆粉丝"足足跟了45条。虽然每段回复最多不超过10个字，但疼爱、鼓励、语重心长，无不溢于言表。那个不善言辞的父亲，平时拨通电话也转交给母亲接听的父亲，用这种特殊的方式默默表达着对儿子的关心和爱护，他眼眶湿润的同时，也为自己粗心的漠视而充满愧疚。

他再次拿起手机，发了第57条微博："我爱你们，潜伏着的爸爸和妈妈。"他想在数千公里以外的父亲，那个晚上一定会和母亲坐在一起，握着手机，打开儿子的微博，感受这份迟来但却真挚的爱。

故事中的父亲，用他最特别的方式关怀着自己的儿子，也鼓励着自己的儿子，让他即使是在千里之外也感受着那一份温暖以及鼓励。这就是亲情，不论何时不论何地，都会温暖着我们的心灵，带给我们感动。

所以，在亲情中做一个有心人吧，偶尔打一个电话，偶尔寄一个包裹，偶尔回家一次，跟他们拉拉家常，帮他们洗洗碗做做饭，陪他们散散步亲近一下大自然……那么，我们的灵魂也就不会再孤单，我们的亲情之树也会长得更加茂盛，亲情之花也会开得更加绚烂。

心灵花园

做一个有心的人，在我们的生活中，用自己的细心以及爱心去维护我们的亲情，用关心以及爱护去对待我们的亲人，让亲情的温暖包裹我们的生命，也让亲情的阳光洒满我们生命的每一段旅程。

8. 父母的唠叨其实是一种别样的关怀

唠叨，就像是父母的一个代名词，尤其是当我们长大，我们就会去有意无意地拒绝父母的叮嘱以及他们的唠叨，但是我们有没有想过，那些叮嘱、那些唠叨其实就是关心，是他们对我们传播爱的一种特别的方式，所以不要再去抱怨他们的唠叨，也不要去打断他们的叮嘱，因为那就是爱，我们生命中最深沉的爱。

当我们还小的时候，耳边总有母亲唠叨、父亲的叮嘱；当我们长大的时候，耳边还是时不时的会传来母亲的唠叨、父亲的话语；当我们逐渐老去的时候，如果父母还健在，我们依然可以听到他们的唠叨与叮嘱。父母的唠叨似乎不会因为我们年龄的增加而减少，也不会因为我们的成熟而渐渐散去，它一直存在于我们的生命中，就像那天地之间的空气一样，只要我们的生命还在，只要我们能够呼吸，我们就能够感觉得到。

可能在我们的意念里，很多时候，父母的唠叨对我们来说是一种折磨，也是一种不信任我们的表现。就像我们做一件事情，他们总是要插上几句，总是要说自己的意见，也要表现自己的担忧；当我们出门的时候，他们总觉得外面的天气会很冷，总要我们穿一件又一件的衣服，直到他们满意；当我们在外地的时候，总是时不时地接到他们的电话，没有什么大事，只是问问我们有没有吃饭，有没有穿暖和，并且叮嘱我们应该怎么样生活，怎么样工作，怎么样照顾自己……很多时候，我们都会粗鲁地打断他们的说话，很多时候我们甚至会用恶言去制止他们，全然不顾他们眼里受伤的表情，也不会在意他们突然间变小的声音。只是在某段时间，突然发现他们的电话少了，唠叨也少了，有一种异样感觉。于是我们打过去电话了，主动找他们讲话，但是后来他们似乎又开始了唠叨，而我们也接着又变得不耐烦……这样反反复复。

其实很多时候，生命就是一个重复的过程，就像是父母的唠叨一样，不断地重复着那件事情，不断地重复着那几句话，但是往往就是那几句话，那几件事情一直温暖着我们的心灵，也感动着我们。

年迈的父亲和儿子一同在花园里乘凉。在树枝上，一只小鸟叽叽喳喳叫个不停。父亲问儿子："娃儿，那是什么？"儿子说："那是一只麻雀。"过了一会儿，父亲又问："儿子，那是什么？"儿子以为父亲之前没有听清自己所说的话，于是就提高音量说："爸爸，那是一只麻雀。"

卷三：亲友真情——微小处找到彼此的归属

131

然而，过了没一会儿，父亲又问出了同样的问题，儿子终于不耐烦了，他冲父亲吼道："你难道没听清楚吗？我说了好多遍，那是一只麻雀！"父亲没有再说话，掏出一本日记，轻声念道："今天是儿子的五岁生日，我陪他在槐树下做游戏，一只小鸟飞过来，落在树枝上叽叽地叫个不停。儿子兴奋地问我：'爸爸，那是什么？'我说那是一只麻雀。过了一会儿，儿子又问我，'爸爸，那是什么？'我又告诉他，那是一只麻雀。也许那只麻雀太可爱了，儿子一直看个不停，于是也就一直问个不停。一共问了25遍，为了满足他的好奇心，于是我就回答了他25遍。"念完后，父亲缓缓抬起头，发现儿子已是泪流满面，儿子静静地走过去，轻轻抱住父亲："爸爸，原谅我！"

年幼的我们，不知道自己有多么地好奇，也不知道自己有多么地"唠叨"，但是等到我们成熟，等到我们长大，我们的父母还是在我们的耳边唠叨的时候，我们就开始受不了了，甚至用恶劣的话语以及冷漠去刺穿他们的心。有一句这样的谚语："父亲给儿子东西的时候，儿子笑了；儿子给父亲东西的时候，父亲哭了。"在这个世界上，能让我们亏欠的恐怕也只有父母了，不管我们多么任性，不管我们有多少问题，也不管我们多么调皮、多么不听话，父母都用自己的耐心与爱去给我们解读人生，也会用他们的包容与理解容忍我们的每一次犯错。

所以，不要去抱怨我们的父母，更不要去抱怨他们的唠叨，要知道，在他们的唠叨以及叮嘱里面包含着的是他们浓浓的爱以及深深的情，唠叨是他们向自己的儿女表达自己的关心的另一种方式。特别是在他们年老的时候，不能像年轻的时候一样一直待在自己儿女的身边，也不能亲自照顾他们，所以只能通过电话，通过自己的言语去表达自己的关心以及爱护。

其实，每个拥有自己父母唠叨的人，都是幸福的人，因为不管我们身处何时身处何地，我们都知道总有那么两个人一直牵念着我们，关心着我们，不管我们发生什么事，不管我们遭遇什么，他们都始终如一地惦记着我们，关心着我们，支持着我们。请大家用心倾听父母的唠叨吧！从他们的声声叮嘱与唠叨中体会他们绵绵不断地关心与爱意。

心灵花园

爱需要用心去体会，父母的唠叨也一样。如果我们能够细心地、耐心地去倾听父母的叮嘱和唠叨，我们会发现在他们的声声唠叨中包含着浓浓的情义以及深深的挂念，而我们的心也会被他们的关爱填上满满的幸福。

9. 陪自己的父母逛一次街

其实对父母的爱，有时候并不是给他们富裕的生活，也不是给他们多么优越的条件。有时候仅仅是陪父母逛一次街，陪他们聊一会儿天，甚至只是给他们做一顿饭，陪他们度过一晚。所以不管多忙，也不要忘了给自己多留一点时间去陪伴自己的父母，也不要忘了给他们一声问候，因为这就是孝顺，就是我们的心意。

从小到大，我们似乎一直在做着一个个不同的算术题。小时候，我们会去算一加一等于几，考试时我们也会去算语文加数学以及英语会得多少分；长大了，我们不会再为一加一等于几去纠结，也不会再为那些考试的科目而头疼，我们更多的是计算自己工作中的业绩，算自己一个月加了多少次班，会有多少的奖金，我们也会算自己一年下来的存款，更是会去注意我们什么时候能买一套房子、一辆车……但是不管是在我们年幼时还是我们长大后，我们都不会去算一件事情，那就是我们究竟能陪自己的父母多少时间，不会去计算自己的亲情。

曾有一段时间，在网络上流行着这样的一道"亲情计算题"——假设你和父母分隔两地，每年你能回去几次，一次几天，除掉应酬朋友、睡觉，你有多少时间真正和爸妈在一起？中国人的平均寿命是72岁，就算爸妈能活到85岁，这辈子你到底还能和爸妈相处多久？

有一个人算出自己只能再陪老妈25天，她回的帖子是这样计算的："毕业之后留在重庆上班，一年也就春节回家一次，真正在家的时间不超过5天。5天里，大概还有3天出门应酬、聚会。剩下的时间除了吃饭睡觉和上街购物，真正能陪妈妈的时间大概只有20小时。我妈妈今年55岁了，如果上天眷顾她能活到85岁，在她最孤独的那30年里，我能在她身边的时间不超过600小时，也就是25天，还不到一个月！"她说："算出结果后，我哭了，觉得很愧疚，对不起妈妈，我好想马上见妈妈一面。"

和父母住在一起的范沈明也做了这道题。"毕业后我一直住在家，父母白天要上班，所以真正相处的就只有晚饭那1小时的时间。我每周大约有3天在家吃晚饭，也就是说，我每周和妈妈在一起的时间只有3小时，一年就是156小时。妈妈50岁，假如她能活到85岁，我能陪他的时间是5460小时，相当于227.5天，也就是7个多月。这还不包括我以后结婚和他们分开住的情况。"还有一个人也做了这道题："我妈妈今年70岁，住在台湾，我每年会休假1个月。假设她活到85岁，我回家每天都能陪她8小时，那么我还能陪她3600小时，也就是150天。当然，这是最理想的状态，没有疾病、意外，没有额外的应酬，实际时间肯定还会缩水。"

如果我们也仔细去计算的话，身在外地的我们也会为自己以及自己的父母感到深深的悲伤。跟爸妈的相处不是用年来计算的，而是用天来计算，而且有时候计算的结果是不足一个月的天数，这是怎样的一个数字？

　　说不要总是以工作为借口，也不要总是以自己忙为理由，而不去关心自己的父母，不去照顾他们，因为时光真的很短暂，如果我们一直沉浸在自己的忙碌中，那么我们永远也不会有时间去注意自己的父母，也就永远都不会有机会去孝敬他们。其实我们要知道，他们的愿望真的很简单，只要我们能陪在他们身边，经常和他们聊聊天，在外面走一走，他们也就满足了。所以不要让忙成为我们不回家，不陪伴父母的理由，也不要让路远成为借口，有时间常回家看看，陪他们走走路，逛逛街，这就是孝顺，对他们来说也是幸福。

　　不要等到有一天突然发现母亲的厨房不再像以前那么干净了，突然有点心酸；也不要等到有一次吃饭才知道家中的碗筷好像没洗干净，家里的橱柜上沾满了灰尘，突然感到自己的心痛；也不要等到有一天发现父母的鬓角已经添满了白发，步伐也不再那么矫健，自己一直都不知道，从而眼里含满泪水……其实我们一直在长大，父母也一直在变老。在我们长大的时候，他们就已经需要我们的照顾与关心，需要我们的陪伴与爱了。

　　当我们慢慢长大，当我们的父母不再年轻的时候，有时间就去多陪陪他们，在他们还能走得动的时候，陪着他们去看看夕阳，去体验一下大自然，去逛一次街，去挑一些他们喜欢的东西，带他们去吃一次饭，去体会一下群体的生活……

　　不要再去吝惜自己的时间，也不要去为自己的父母置办多么优越的生活条件，他们只需要我们的陪伴与关心，只需要我们的爱与守护，他们的要求很简单，他们的愿望也很容易去实现，只要我们用心去做，我们就一定能做到。

卷三：亲友真情——微小处找到彼此的归属

心灵花园

多给自己的父母一些时间，也多给自己一些时间，陪他们去散一下步，去逛一次街，看一下夕阳，也多陪他们度过一晚。这样的话，年老的他们也就会感到生命的斑斓，焕起对生活的渴望，而他们也会感到浓浓的幸福以及儿女对他们深深的挂念。

10. 找寻亲情和睦的纽带

亲情很多时候很简单，只需要一个关爱的眼神，只需要一句温暖的话语，或者一个理解的动作就可以化解一些矛盾，就能够解开那些心结。其实让亲情和睦的纽带很简单，也很容易找到，那就是我们所拥有的以及付出的爱、理解以及包容。

和所有的感情一样，亲人之间的和睦也需要爱。即使是再冷漠的心灵，在爱的温暖下也会慢慢融化；即使是再大的结，只要用心灵去解，纵使是千头万绪，也会理顺；即使是再大的误会，只要用爱去消融，那么一切都会化作虚无。所以在我们的亲情中也需要爱，需要理解，需要一颗包容的心，而这些就是让我们亲情和睦的纽带。在我们的生命中只要我们找到这些纽带，并且为自己所用，那么我们也就会避免亲情给我们带来的伤害，以及用自己的爱去伤害那些我们的亲人。

当我们的亲人陷入了生活的困境，当他们的人生遭遇了灾难，如果我们用一颗关爱的心去帮助他们，去陪伴他们，去鼓励他们，那么即使是再大的困难也阻挡不住他们前进的脚步，再大的灾难也动摇不了他们生活下去的勇气；当我们的父母责骂我们、教训我们，当我们的儿女责怪我们、抱怨我们的时候，如果我们用一颗理解的心去看待发生在我们身上的事情的时候，我们就不再会为父母的责骂、儿女的抱怨而感到难过、不开心，甚至跟他们闹别扭，因为我们理解，很多时候的抱怨以及责骂都是为了我们好；当我们的亲人不小心犯了错的时候，如果我们以一颗包容的心去对待他们，他们就会感受到我们的爱，并且心存感激，在下次的事件中他们就会有所提防，尽量改正自己的行为。所以，拥有了爱，懂得了理解，有了一颗包容的心，无论我们的生命中发生什么事情，我们都可以沉着应对，正确去解决。

"你愿意替我把这件事告诉爸爸吗？"这是一个17岁的女孩对自己的母亲说的一句话。那是她最糟糕的事，因为17岁的她不小心怀孕了，在她感到最无助最彷徨的时候，她选择把这件事告诉自己的母亲，并且由母亲传达给自己的父亲。因为把怀孕的事情告诉她的母亲已经是很困难的事了，如果让她亲口把这件事告诉她的父亲，在她的意念里则根本不可能。

在女孩的记忆里，她的父亲一直是她取之不尽、用之不竭的勇气来源。他总是以自己的女儿为荣，而她也总是尽力以一种能够使自己的父亲骄傲的方式生活着，直到发生这件事。

"我不再是爸爸的小女孩了，他绝不会再用同一种态度看待我了。"小女孩沮丧地叹了一口气，斜靠在妈妈的身上寻求安慰。

"在我把这件事告诉你父亲的时候，我必须得把你送到别的地方去。你明白那是为什么吗？"

"是的，妈妈。因为他可能不愿看到我，对吗？"小女孩委屈的说道。

于是那天晚上，女孩就和自己的阿姨待在一起。她们一起祈祷、交谈，女孩也开始接受并且理解摆在自己面前的那条道路。然后，她从窗户里看见了汽车的灯光。

母亲来接她回家了,她知道自己马上就要面对父亲了。当时女孩非常害怕,于是跑出起居室,冲进那个小浴室,关上门并上了锁。

阿姨跟在她的身后,并轻声斥责她:"孩子,你不能这么做,你迟早必须面对他。没有你,他是不会回家的。别这样,出来吧。"

"好吧,可是你愿意陪着我吗?我害怕。"

"当然,孩子。"

女孩打开门,慢慢地跟着自己的阿姨回到起居室。这时她的父母还没有进来。她想他们一定正坐在汽车里,以便给自己的父亲一点准备的时间,让他在看见她的时候知道做什么或者说什么。母亲知道她有多么的害怕。其实,女孩的心里并不害怕自己的父亲会向她大喊大叫或者对她大发脾气,她害怕的是从他眼睛里流露出来的悲伤。

但是见到自己的父亲,事情并没有想象中的那样坏。先是自己的母亲走进门来,拥抱过阿姨以后,脸上带着一丝虚弱的微笑看着自己的女儿。然后,女孩看到了父亲。只见他慢慢地走到女孩的面前,用他那强壮的胳膊把她拥进怀里,紧紧地搂着,并在她的耳边低声说:"我爱你!我爱你,我也会爱你的宝宝。"

故事中的父母用自己的爱与包容以及理解去面对女儿在人生中的那次犯错,也用他们的宽容安慰着那颗颤抖的心灵。虽然在女孩的面前可能还会有很多的考验以及艰难的路要走,但是至少在她的心里,她并不会感到孤单,也不会感到无助,因为在她的身边她知道有自己的父母,有他们的支持,在这个精神武器的武装下,这个世上没有她不能翻越的高山,没有她不能经受的风雨。

在生命中,如果我们还在找寻那让亲情和睦的纽带,那么我们不妨停下来,用心去感受,去感受生命中的点点滴滴,然后用自己的爱去面对,用自己的理解去化解亲人之间的误会,用包容去面对我们亲人犯的错，那么我们就会发现，原来让亲情和睦的纽带就在自己的手里，就是那份理解，那份宽容和那颗心。

心灵花园

用一颗关爱的心去灌溉我们的亲情，用一种理解的方式去对待我们的亲人，用一颗宽容的心去面对他们犯下的那些错误，我们就会发现，亲情真的很美好，而我们也因为有亲情的包围感到很幸福。

卷三：亲友真情——微小处找到彼此的归属

第二章

千金难买，友情的真谛只有在细微处知晓

"千金难买是朋友"，朋友是一种茫茫人海中相遇的缘分，需要我们珍惜；朋友也是互相认可、互相仰慕以及互相感知的一个过程，需要我们的理解与支持；朋友亦是彼此心照不宣、心有灵犀的一种默契，有时一个眼神、一个动作，就可以演绎最真诚的感动。让我们把握好朋友之间的界限，对朋友的支持与帮助心存感恩，用一颗真挚的心去经营，在那些细微处领会友情的真谛。

1. 每一个朋友都曾是陌生人

每一个朋友都是从陌生人开始的，而每一个朋友的前称也是陌生人。所以不要去抱怨自己没有朋友，也不要抱怨没有人理解自己，只是我们没有用心去寻找，没有敞开自己的胸怀欢迎别人。要知道，每一个陌生人都有可能是我们的下一个朋友。

在这个世界上，有很多事情都难以预料，当然也有很多的感情也是我们无法把握的。譬如爱情、友情，我们根本不知道在我们的人生的旅途中会遇到谁，也不知道谁可以成为我们的朋友，谁可以成为我们的恋人，只有当我们身临其境的时候，才会明白，谁是自己的朋友，谁最终是自己的恋人，谁只是一个陌生人。

其实，友情真的很奇妙，在很多时候，朋友跟陌生人，只是一线之隔。如果我们跨越了那条线的阻隔，那么我们之间的关系就会发生180度大转弯，从陌生人一跃成为无话不谈的朋友；如果我们跨越不了那个界限，那么我们的关系也就只能维持在陌生人的这个层面，可能我们只是擦肩而过的路人，也可能我们只是生活在同一个城市的陌生人。所以说，虽然朋友千金难买，但是也不是"买"不到，只是看我们想不想去"买"，怎样去"买"。

王倩和刘玫在大学是一对好朋友。王倩性格外向，喜欢结交朋友，在大学校园里似乎到处都可以看到她的身影。但是刘玫就与她恰恰相反，她性格内向，喜欢安静，大学四年几乎每天都泡在图书馆，当然也没有多少的朋友。

她们毕了业，很幸运的被分到了同一家公司，但是在不同的部门。上班第一天，王倩与刘玫同时去向公司报到，她们两个妆容一样精致，样貌也是一样的吸引人，当然也就引来了很多同事的关注。中午休息午餐的时候，王倩似乎已经跟自己的同事打成了一片，根本不像是刚进公司的新人，她跟着一大群人去用餐，就这样在喧闹与玩笑中度过了一天。但是刘玫的情况却恰恰与之相反，她还是一个人安静地坐在自己的办公桌前，不知道如何是好，因为没有一个人过来招呼她，也没有人叫她一起去用餐，一天的时间也就那样的在安静与寂寞中度过了。

晚上下班，王倩跟刘玫走在一起，王倩问刘玫今天的工作状况，刘玫皱着眉头说一团糟，说根本没有人来搭理她，同事之间也很冷漠，她估计是以后再也交不到一个朋友，估计要一直在寂寞中办公了。王倩听了以后大为疑惑，告诉刘玫说她感觉公司的同事都很热情、都很友好，一天的时间她就结识了很多的新朋友，而且还相处不错。刘玫暗暗惊讶，她不知道为什么自己会出现这样的状况，几乎每到一个新环境她就总是感觉到孤单，交不到朋友。

听了刘玫的诉说后，王倩想了想，然后笑着告诉刘玫其实她以前也是那样，总是不敢跟别人讲话，交朋友，也羡慕别人能够交到很多的朋友。但是有一次父亲跟她说了一句话，让她在以后的人生路上受益匪浅，当然也让她交到了很多的朋友，那就是："朋友都是从陌生人开始的。如果你想拥有许多的朋友，你就需要用一颗真诚的心勇敢地和对方交流，而且真心相处。"

听了王倩说的那句话后，刘玫恍然大悟，原来不是别人不跟自己交朋友，而是她没有跟别人主动去交流，她不知道朋友都是从陌生人开始的这个道理。

王倩终于明白了，每一个朋友都是从陌生人开始的，所以她愿意去跟陌生的人接触，愿意用一颗真诚的心勇敢地跟他们交流，不久，她就拥有了很多的朋友，当然，在刘玫明白这个道理的后，她肯定也会拥有很多的朋友。

我们还害怕自己没有朋友吗？还抱怨自己没有朋友的陪伴，没有朋友的理解吗？其实很多时候，不是我们交不到朋友，也不是我们没有朋友，只是我们关闭了自己的那颗交朋友的心，也堵住了别人走进我们心里的那个通道。

一个叫凯撒的人拥有很多朋友，其中有很多朋友竟是他或者在散步时，或者外出购物时搭话认识的人。

他的一个朋友问他为什么那么自然地跟陌生人搭话，他说："一开始我也对跟陌生人说话感觉到有所畏惧，心有不安，但是每当我回忆起我最好的朋友当初都是陌生人时，我的畏惧感就消失了。因为我想：在我与他们说话之前，他们都是陌生人，而我一旦跟他们说话，他们就可能成为我的朋友甚至知己。"

"那么，你不怕被别人误解吗？"他回答说："一开始我确实也担心被别人误解，但是经过一段时间后我发现：如果你怀着一颗真诚的心，同时又有着对友谊的渴望，对方一般不会误解你的动机。我遇见过不少表面上自负而冷若冰霜的人，他们给人的第一感觉都是拒人千里，但跟他们搭话之后我发现：冷漠孤傲的只是他们的外表，他们在内心深处同我一样热切地需要友情。所以，如果你也想交到更多的朋友，就不要让畏惧成为逃避的借口。"

确实，在很多时候每个人都渴望拥有友情，但是他们却往往很难迈出走向友情的第一步，心里的畏惧以及害怕别人的误解束缚着他们的思想以及行动，所以他们在寻找友情的这条路上处处步履维艰。其实我们要知道，只要我们想真心交朋友，我们就必须克服自己畏惧跟陌生人说话的心理障碍，用一颗真诚热情的心去跟他们交流，因为每一个朋友都是从陌生人开始的，我们之间有了第一次的交流，那么就会有第二次、第三次甚至更多的交流，我们也就自然而然地成了朋友。

不要畏惧，也不要心有不安，如果我们想要朋友，就让我们用一颗勇敢而真诚的心去跟别人交流，争取让那个陌生人变成自己的朋友。

心灵花园

朋友的前称就是陌生人，所以要想拥有友情，要想找到朋友，我们就要勇敢而真诚的去与别人结识、交流。这样，陌生人就不再是陌生人，而是我们的朋友。

2. 一个微笑的交情

很多友情都是从一点一滴开始的，很多的友情也是在那一举一动中结束的。所以，不要去忽视那些友情中的细节，也不要去逃避友谊中的一些琐碎，因为很多时候我们想要珍惜的，往往是隐藏在细节中的那些感动。

在有些人的观念里，似乎友情就应该是经历大风大浪时的彼此扶持，也是经历大灾大难时的那种不离不弃；友情应该是开心时萦绕在我们耳边的欢声笑语，友情也应该是在我们失意痛苦时回荡在我们心头的轻声细语的安慰……友情就是那一个个独立的事件，而不是生活的细微，友情是风雨共担的一种大气，而不是别别扭扭的一声"早安"的问候。诚然，友情就是这些，友谊也需要经历这些，也需要这些事情的巩固。我们在获得了友情之后，有没有想过，第一次的相识，第一次的相知难道也是经历大风大浪，都不离不弃吗？不，不是，友情的开始，跟别的感情一样，也是生活中的点点滴滴，也是人生中的琐琐碎碎，如果有一天我们忽视了生活中的那些琐碎，厌倦了朋友之间的那些平淡无奇，也开始抱怨朋友对我们的毫无帮助，并且与自己的朋友渐行渐远的时候，我们可以回想一下，我们彼此之间友谊的开始。

在我们的人生中，只要我们去注意，很多友谊的开始都很简单。就像是可能在小学的时候，有一次回家时突然下起了暴雨，没有拿伞的我们只能被困在教室，这时候有心的邻桌同学走过来，给我们递上一把伞，说是和我们同路，可以一起撑着回家。这样，友谊的种子就在一场暴雨中生了根，也在一起的奔跑中发了芽；也可能，在一次公园中的散步，看到几个人在一起交谈，然后忍不住好奇心的驱使，也加入了他们谈话的行列，然后在那一次的交谈后，成为了朋友；也有可能，在一次独自的旅行中，百无聊赖地独自坐在火车上，轻轻地哼着歌曲，而坐在自己对面的旅客给了自己一个赞叹，或者一个善意的微笑，然后自然而然的成了朋友……这都是我们生活中随时都有可能发生的事情，也是我们生命中随时都有可能开始的一段关于友情的旅途，所以说，不管我们的友情是怎样开始的，也不管我们的友情能不能够经历大风大浪，那都是实实在在的,存在于我们生命中的一种情谊,不论何时我们都不应该遗忘,更不应该厌倦,甚至遗弃。要知道,所有珍贵的感情都是隐藏在生活中的,所有的友情也都带着琐碎与细微。

那是一个上层人士聚会的场所,女士们高贵优雅,男士们则个个犹如绅士。他们喝着高级的香槟,跳着优美的舞蹈。就在这时候,突然出现了一抹身影,在这个场合中显得那么的不和谐。

他是吉杰,一个刚起步的小公司的老板,他为了自己的一笔生意,前来与对方相约,但是对方并没说在这里在开办舞会。他因为着急谈工作,于是就没有怎么打扮,只穿了平常的牛仔衬衫就来到了这个地方。他在门口看到这一切的时候,就有些想打退堂鼓,但是想到他和客户约好的时间,再想到公司确实很需要这笔生意,于是就硬着头皮走了进去。

当众人看到这个外来客的时候,大吃一惊,随即会场的负责人立马喊守卫将他赶走,那个约他谈生意的人面对这一切却无动于衷。他脸上挂着鄙视的笑容,他是有意要羞辱吉杰的,因为吉杰凭着自己东西质量好,硬是不肯降低价格。于是他就让吉杰来这里,想借此警告他,凭他一个小老板,想要跻身上层社会,根本就是妄想。

吉杰正要被守卫架走的时候,却有一个人开口了,他是丹尼尔。丹尼尔注意到了吉杰自始至终都保持着微笑,即使被架走时,他脸上也是带着微笑,没有丝毫的屈辱感。一个能够微笑着对待屈辱的人,一定不简单,于是丹尼尔喊守卫不着急,他微笑着递给吉杰一杯香槟,约他一年后在这个会场见面。

吉杰的眼里闪过一道光,但是很快就消失了。他笑着告诉丹尼尔:"一定,一年之后我们再见,我的朋友,谢谢你的微笑!"在一年之后,吉杰凭着自己的能力,终于成为富甲一方的富豪。当然,他也接收到了上层人士聚会的邀请函。那一天,他遇到了丹尼尔,那个不在乎贫贱,肯给予他微笑、请他喝香槟的人。从此他们成了好朋友，相互扶持，相互帮助，各自事业的发展更是青云直上。

他们的友情可谓是开始的很简单，没有多少的交谈，也没多少的接触，只有一个善意的微笑，以及一杯及时的香槟。但是这都没有影响他们以后的相聚以及以后的相知与相助。也就是仅仅是一个生活的细节就让他们两个人结下了深厚的友情，成为了一生的朋友。

朋友之间的开始以及相处更多的是生活的细节以及人生的细微，不要忽视那些存在于我们生活中细微的友情，也不要去遗忘那些因为一些小小的动作或者一句温暖的话语带给我们的感动，要知道，有时候由一个微笑开始的交情也能够长长久久，给人以无穷力量。

心灵花园

友谊很多时候都在于生活的琐碎以及人生的细节；一段友情的开始也可能只是一把暴风雨中的雨伞，或者一个处于尴尬时的善意的微笑。所以，不要忽视那些存在于友情中的细节，很多时候友情无关事件的大小，只在于心灵的相望。

3. 相互理解是友情的基础

真正的友情，像一株缓慢成长的植物，需要我们用爱心去浇灌，用理解的泥土去培养，再用温暖的阳光去照射，它才能茁壮成长。没有理解的友情，就像是没有了泥土包裹的根须，即使有了浇灌，有了照射，也最终只会在养分的缺失中慢慢枯萎，死去。请给友情一份宽容、一份理解吧，这样，我们的友谊之树才会长得更加茂盛。

有人说，友情是一棵常青树，需要我们用出自心田的清泉浇灌；也有的人说，友情是一朵开不败的鲜花，需要心中升起的太阳的照耀。其实，友情也是那存在于我们心间的一杯香茗，只有用心去品，用情去感悟，才能感觉到它的芳香。友情有时候亦是一个错综复杂的矛盾体，需要我们用耐心去解开，需要我们用理解来经营。有了彼此的理解与宽容，我们的友情之路才会走得更加长久，友谊之花才能开得更加绚烂。

　　不管我们在友情途中遭遇了什么，不管我们与朋友之间有了怎样的误会，我们都不要忘了站在对方的角度去想一想，多为他们考虑一下，用一颗理解包容的心去对待他们，去关心他们，那么我们的友情即使再脆弱也不会轻易地破灭，我们的友情之路即使再艰难也不会突然中断。

　　在丛林中有一头小鹿，他生活得自由自在，无忧无虑。一天，他去河边饮水。"天气真好！"小鹿看着蔚蓝的天空，披着绿毯的山坡，舒心地感叹，他的心情也像这天气一样，欢欣喜悦。他走上一只独木桥发现好朋友牛牛急匆匆地赶来。"喂，让我先过，我有急事。"牛牛挥着汗喊道。小鹿迟疑了一下，心想：有急事也不至于这样吧！真没礼貌。他的好心情也因为这件事损失了不少。谁知急性子的牛牛等不及了，"喂，快让一下呀！我跟你说话呢，怎么，听不见吗？"小鹿这一次被激怒了。强烈的自尊心使他无法压抑心头的怒火。他生气地喊："你说谁啊！"他们就这样你一言我一语地吵起来。最后扭打在了一起，牛牛抓着小鹿的肩，小鹿用力踢牛牛的腿，一不小心，脚下一滑，一齐摔入了水中，最终不欢而散。

　　回家后，小鹿向妈妈讲述了经过。妈妈说："你们还小，不懂得相互理解。""什么是理解？"小鹿好奇地问，眼中充满了对新事物的渴求。"理解的意思就是我应该给牛牛让路，对吗？"小鹿又追问了一句。妈妈苦笑着摇了摇头，"你对理解认识地太肤浅了，你还小，以后会明白的。"妈妈的眼光十分深邃，听得小鹿似懂非懂。

长大后，小鹿开始工作了，一次工作中，由于他与一位同事意见不和，结果吵得面红耳赤，最终，不欢而散。此后，小鹿变得十分痛苦。因为那位同事是他最好的伙伴，他因友谊的丧失而苦恼。他反复问自己："难道友谊就这么脆弱吗？"于是，他决定找出友谊破裂的原因。他不远万里，找到了一位智者——山羊。诚恳地问："山羊前辈，您能告诉我，我们友谊存在什么问题吗？"山羊捋了捋胡子，微笑地回答："友谊是脆弱的，时间久了是会出现裂缝的，世上只有一种材料可以修复友谊的裂缝，那便是理解。""您能说得具体些吗？"小鹿的眼中有些迷茫。"我已经说得很多了，剩下的，就需要你自己去参悟。"

很多年后，小鹿老了，变成了一头老鹿。一天，他的小孙子与朋友吵架了，流着眼泪跑来问他。"爷爷，我们为什么吵架啊！"老鹿没有像山羊和母亲那样吝啬，他把小鹿拉到身边，和蔼地说："友谊需要理解。理解就是在别人犯错时用宽广的胸怀去包容别人的错误；在与别人发生矛盾时，设身处地的为别人着想；在自己犯下错误时，不去狡辩，而是坦诚的请求别人的原谅……"

小孙子听了这些深奥的道理，有些迷惑。突然，他眼睛一亮，高兴地说："这件事是我不对，我去向他道歉。"说完，便高兴地跑开了。老鹿意味深长地笑了。

小的时候，我们不理解友情是什么，也不知道如何去维护自己所拥有的那份感情，就像故事中的小鹿一样；长大了，我们依旧迷惑不解，只是在友情的这条路上明白了何谓伤害、何谓痛苦，而且非常珍惜这友情，所以我们有了寻找巩固友情的那一份心思。于是我们寻寻觅觅，最终才发现其实巩固友情很简单，那就是需要一颗心、一份情，一颗能够理解对方的心、一种能够包容对方、为对方考虑的情。

不管何时，不管发生什么事，不管我们的友情有多么的脆弱，不管我们之间的误会有多么的深，都不要忘了给我们的友情一个转圜的余地，给彼此的友情一份理解、一份包容。有了理解，有了包容，即使再大的误会也能解开，即使再大的错误也能原谅，要知道，这无关退让，也无关软弱，只关乎彼此之间的友情。

心灵花园

有了理解，有了包容，我们的友情之路才会走得更加长久，我们的友谊之花也才会开得更加绚烂，所以，不管发生什么，不管遭遇什么，我们都要用一颗理解与包容的心去经营我们的友谊，去巩固我们的情分。

4. 友谊最好的演绎就在那一瞬间的感动上

和我们一起笑过的人，我们可能会把他忘记；但是和我们一起哭过的人，可能我们永远也忘不掉。友情最好的演绎不是在我们胜利时的锦上添花，更不是在我们开心时的打打闹闹，而是在我们危难时的雪中送炭，以及在我们无助的时候的那一瞬间的感动。

在我们的人生中可能会遇到很多的人，也会交到很多朋友，但是总有那么一两个，在我们心里是特别的。即使不是经常联系，即使一直不在一起，但是他们的容颜时常会出现在我们的脑海里，他们的话语也时常会萦绕在我们的耳边，让我们知道不管什么时候，不管发生了什么事情，我们都不会孤单，我们都还有最后的那份支持。这就是真正的朋友，在我们哭泣的时候会默默的拿着纸巾，忍着自己眼中的泪水，安慰我们、拥抱我们的那个人；在我们遭遇失败心灰意冷的时候，不会忘记给予我们鼓励，给予我们支持的那个人；在我们陷入困难，遭遇挫折的时候，毫不犹豫地伸出双手帮助我们的那个人；在我们取得胜利的时候，远远注视着我们，嘴角含着笑意的那个人……他们不会用华丽的言语去表达，也不会用夸张的表情去诠释，但是在他们的眼里我们可以看到真诚，会读到他们的担心，在他们细微的动作中我们可以体会到他们的情谊，也会让我们的心灵载满感动。

杜白坐在走廊里，他的身边是一个看上去年龄很小的护士。

"我没有家人。"杜白双手捂住疼痛的右腿说道。

"那朋友也行啊。"

"手机早就停机了。"杜白有些自嘲道。他心想就算手机没有停掉，遇到这样的事情，大家想必都是会躲着自己的。

"那怎么办？"小护士有些无措道。

杜白心想，还能怎么办，等着呗。等老天来帮他，要不就等着自生自灭。

小护士打断了杜白悲凉的思绪，"我刚听我们护士长说，那个送你来的朋友不是去给你办手续了嘛。"

"我们才认识第一天，只算是萍水相逢的朋友，谁会平白无故去当冤大头。小妹妹别傻了，要是我叫你帮我付费，你干吗？"这个时候杜白也不忘了幽默一把。

"那……"小护士不知该要如何回话。

"小白。"于乐欧刚下电梯就看见了坐在那里的杜白。

"于乐欧？"杜白有些不相信他的眼睛，但是喜悦还是大于惊奇的。

"你办好住院手续了吗？"小护士忙问道。

"嗯。都办好了。"

"你办的时间可真够长的。"小护士擦了擦额头的冷汗。

"哈哈。"于乐欧不好意思地笑了笑。

杜白终于能舒舒服服地躺在病床上了，他看着面色苍白的于乐欧，很小声地问道:"你从哪儿弄的钱?你不是没钱了吗?"

"反正我没偷没抢。"

"你不会……"杜白上下打量着于乐欧的身体。

"什么?"对于这样一个从小镇走出来的男孩是不会明白杜白言语中所省略的意思。"你到底从哪弄的钱?"杜白神秘地问道。

于乐欧站起身将手中的那盒巧克力摔到了杜白的身上,大喊道:"我自有办法。"

或许是他们俩的行为过于亲密了些,一个初中生模样的小女孩突然走到了他们面前问道:"哥哥,你们交往多久了?"

这一句话问的于乐欧是满脸无奈,却叫杜白大笑不止。

看着病房里的灯渐渐暗去,于乐欧独自站在医院的走廊上。

躺在病床上的杜白第一次享受到感动。他没有想到自己能遇到这样一个简单善良的朋友,他更没有想到于乐欧可以为了这个刚刚认识了一天的人做这么多,换做他自己,他觉得他是做不到的。

虽然只认识一天,只是萍水相逢的朋友,但是在杜白有了危难的时候,于乐欧伸出了他的友谊之手,让杜白第一次感受到温暖,也让他的心里盈满感动。可能我们会觉得于乐欧有点傻,但是这就是友情,无关时间的长久,无关亲密的程度,只在于两颗心的交流以及在那一瞬间的感动,于乐欧用自己的行为诠释着他对杜白的友情,也演绎了人间最美好的那份感动。

友情不是开在言语里面的绚烂的花朵,也不是溢满在欢声笑语里面的声声赞叹,而是在那不经意间带给我们心灵的一丝温暖、那一瞬间的震撼。所以,让我们用心去浇灌彼此之间的友谊吧!让那些感动那些温暖成为彼此可以珍藏一生的记忆,让我们带着那些记忆去走过人生的每一段旅程。

心灵花园

友谊最好的演绎不是那生命中开在言语上的绚烂的花朵，也不是在那酷热干燥的夏天带来的一丝清凉，而是在我们人生陷入困境的时候那一种雪中送炭，或者是在我们失意伤心的时候的那一声鼓励与劝慰，是萦绕在我们心头的那一瞬间的感动与心灵的温暖。

5. 记得对朋友说"谢谢"

很多时候，越亲密的人，我们就越会忘记对他们表达我们的谢意，越是在乎的人，我们就越难对他们表达我们的情谊。生活需要语言的交流，情感也有时候需要言语去巩固，所以，不要忘了在适当的时候对自己的朋友说谢谢，向他们表达我们的谢意以及我们的感动。

曾几何时，对于刚认识的朋友，我们总是似乎显得有些客套，于是对他们讲着"谢谢"、"对不起"以及"抱歉"之类的话语。随着时光的流逝，以及大家慢慢的熟识，那些话语似乎也就淡出了我们的朋友圈子，也淡出了我们的友情生涯，于是面对朋友的帮助，面对自己犯下的错误，我们都不会再去讲："谢谢"或者"对不起"，只是将那一份恩情、一份感动，还有那一份自责深深地埋藏在自己的心间，不让自己的朋友知道。

可能我们会说，这就是朋友，朋友之间的相处不需要过多的言语，也不需要那些繁文缛节的东西，更不需要经常将一些事情挂在嘴边，只需要彼此互相理解的心。诚然，朋友之间就应该是这样，但是我们有没有想过，即使再坚固的友情，即使再要好的朋友，如果缺少了语言的沟通，缺少了心灵的交流，那么友情也会变得脆弱，心灵的距离也会变得遥远。所以，在我们的生活中，不要吝惜自己的语言，也不要忘记面对朋友的帮助说出感谢，虽然有时候感觉会有些客套，但是只要看着彼此的眼睛，我们会明白，那一句感谢不是客套，而是出自真心，是对自己感动的最美的表达。

杰克和罗恩是一对很好的朋友，他们一起上班一起打球，杰克是一个很细心的人，但是罗恩就有点大大咧咧了。罗恩很喜欢吃鸡蛋，杰克在每次吃饭的时候都会将自己碗里的煎蛋送给他吃，罗恩刚开始的时候有些不好意思，总是推让许久才吃掉。后来慢慢地就习惯了，在他的意识里，杰克不喜欢吃鸡蛋，把鸡蛋给他只是因为他们是朋友。

后来公司来了一个新同事强尼，他比杰克和罗恩都要小，很自然成为了众人照顾的对象。杰克也很喜欢强尼，对他更是多方照顾。他们一起去吃饭，强尼说起小时候家里穷，他曾经偷吃了舅舅家的几个鸡蛋，被舅妈责打的事情。杰克听后很心疼他，于是这一次，他没有把碗里的煎蛋给罗恩，而是放在了强尼的碗里，强尼说了声谢谢之后就大吃起来。但是罗恩却吃不下饭了，就感觉到自己心爱的玩具被抢走一般难受，强尼抢走了属于他的那个煎蛋，而杰克对于强尼的一声"谢谢"竟然有些激动。怎么会这样？

罗恩看着强尼和杰克走的越来越近，而他却感觉自己越来越不懂杰克了，到底是什么东西让他失去了拥有杰克的特权呢？他慢慢地发现，强尼虽然年龄小，但是他在受到任何人的帮助的时候，总是不忘记说一声"谢谢"，正是因为这声"谢谢"，很多的人才愿意照顾并帮助他。他终于知道自己和杰克越走越远的原因了。

那一天，是杰克的生日，他特意买了一些好吃的，为他庆祝。杰克有些感动，两人因为喝了不少酒，都有些醉了。罗恩告诉杰克，他有句话想对他说，杰克问是什么，罗恩站起来，很郑重地对杰克说了一声

"谢谢",那一瞬间,杰克的眼睛里忽然亮了一下。之后,杰克、罗恩还有强尼,他们三个成了无话不谈的好朋友,吃饭的时候,杰克总是将煎蛋夹给他们两个,他们也会将杰克喜欢的菜放进他的碗里,同时还不忘说上一声"谢谢"。

其实很多时候,在我们和朋友相处的时候,总会忽略一些东西,也把朋友对自己的好当成是一种理所当然。我们要知道,朋友对我们的帮助,对我们的好只是他们对我们彼此之间友情的一种表达方式,有时候他们也想得到我们的认可,也想看到我们的感动,所以,在我们接受朋友的帮助与关心的时候,不要忘了对他们说一声感谢,给他们一个会心的微笑,这样他们也会觉得自己所做的一切都是值得的,他们的内心也会感到一种满足。所以,不管我们是多少年的老朋友,还是我们只是刚刚认识的新朋友,在接受他们的帮助或者关心的时候,都不要忘了跟他们讲一声感谢,对他们表达一下自己的谢意以及感动。

朋友之间的相处需要心有心灵的感应,有时候更需要语言的沟通,所以不要再掩饰自己心中的感动,也不要再去隐藏我们的那些话语,让那声声的"谢谢"成为我们彼此之间沟通的桥梁,也让那声声的"谢谢"筑牢我们的友情。

心灵花园

在我们的生命中,越是亲密的人就越应该让他们知道我们的心意,越是在乎的人就越应该让他们了解我们对他们的感谢,所以,不要忘记对自己朋友说"谢谢",也不要忘记用我们的语言以及神情去表达那些来自他们的感动。

6. 把握好友情的"度"

在这个世界上，什么东西都一样，过了头，就会走向它的反面，所以要会把握那个"度"。友情也一样，如果交往过密，反而容易出现裂痕，如果逼得太紧，反而会想着脱逃。所以，在与朋友的相处中，我们要学会把握那个尺度，掌握好那个界限，让我们的友谊长存。

很多时候，我们一直在追求朋友交往之时的那种亲密无间的乐趣，也一直在感受与朋友相处的那些彼此依托的感动；也有的时候，我们把这种追求上升为我们获取人生乐趣的来源，然后不分时间不分地点地去运用，意念里只有一个想法，那就是不论干什么，朋友都会为我们两肋插刀，不论在什么时候，朋友都可以为我们服务，甚至可以随传随到。可是我们千万不要忘记，就算是朋友，他们也有自己的生活，也有自己的事情，也不能一直陪伴着我们，任由我们的事情去牵绊他们的生活。

朋友之间，需用心去经营，需要理解，需要相互包容，而不是一味的任性。要维护一段珍贵的友情，不仅需要我们的心，需要我们的技巧，更需要有一定的艺术，需要我们去把握那个微妙的"度"。

林微和王倩是一对很好的朋友，尤其林微把王倩看成自己最重要的朋友。两人同在一个合资公司做市场公关，但她们总能找到空闲时间聊上几句。

星期天，林微总有理由把王倩叫出来，让她陪自己去购物、逛公园。王倩有时很勉强。林微可不在乎这些，每次都兴高采烈，不玩一整天是不回家的。

王倩是个很有上进心的姑娘，她想在事业上有所发展，就利用业余时间学习电脑。星期天，王倩刚背起书包要出门，林微打来电话要她陪自己去服装店那里做衣服，王倩解释了大半天，林微才同意王倩去上电脑班。可是王倩赶到培训班，已迟到了15分钟，王倩心里很不痛快。

第二个星期天，林微说有人给她介绍了个男朋友，非逼着王倩一起去帮她看看，王倩说："不行，我得去学习。"林微怕王倩偷偷溜走，一大早就赶到王倩家死缠活磨，王倩没上成电脑班，最终林微的男朋友也吹了。王倩郑重声明，以后星期天要学习，不再参加林微的各种活动。

但是林微却一如既往，满不在乎，她认为好朋友就应该天天在一起。有时星期天照样来找王倩，王倩为此躲到亲戚家去住。这下林微可不高兴了，她认为王倩是有意疏远她。林微说："我很伤心，她是我生活中最重要的人，可她一点也觉察不到。"

伤心了一段时间，林微也认识到了自己的错误，是她没有觉察到朋友的感觉和想法，后来她才意识到自己与王倩过密的交往几乎剥夺了朋友的自由，所以使王倩的心情烦躁，不能合理地安排自己的生活，以致躲避自己。

接下来，林微也主动跟王倩疏远了，但她却惊奇地发现，她们的友谊似乎没有因为疏远而变得不好，反而更加深厚了。

可能在我们的生活中，很多人也会跟林微一样，不懂得把握朋友之间交往的那个"度"，也不会站在朋友的角度上去思考问题，所以让朋友对自己产生逃避的心理，也让自己在友情的世界里遭受伤害。其实，朋友之间的交往，并不在于时间的长短，如果天天黏在一起，占用彼此太长的时间，那么可能彼此也会感觉到有压力，甚至是产生逆反的心理。那么，朋友之间如何交往才能算是有那个"度"呢？

朋友之间的交往需要把握两个"度"，就是时间的频率，和空间的距离。友情的积累不需要时间的累加，也不需要朝夕的相处，在交往中我们要把握好时间的频率，不要让友情占去我们生命中过多的时间，从而对彼此产生厌烦；当然，友谊的深厚与否，也不是通过彼此表现得亲近与生疏就可以知道的，也不是通过占了彼此多少的空间来衡量的，友谊的深厚与否，在于我们的一颗心以及深藏在心中的那份情，所以，我们要把握好空间的距离。在我们的友情之中如果我们能够把握好这两个"度"，相信我们的友情之树才能够长得更壮大，我们的友情之花才会开得更长久、更绚丽。

心灵花园

友情不是占有，也不是独享，更不是彼此之间的束缚。友情不需要整日黏在一起，给它时间和空间，它自己会成长。所以，在友情的世界里学会把握那个交往的"度"吧！这样，我们的友谊才会更加长久。

7. 信任是朋友之间最好的承诺

信任，是一种弥足珍贵的东西，再多的金钱也买不到；信任也是朋友之间一种最好的承诺，即使没有言语，也能让我们感受到其中的力量。

人活在这个世界上，不是孤独的存在，需要亲情、友情、爱情来维系，不论是哪一种感情，如果缺少了彼此的信任，就都会很难持续下去。即使曾经有过多少的诺言，即使曾经有过多少的承诺，都会被怀疑这剂毒药所腐蚀、所侵害，最终变形，直至消失。要想维护好一段友情，就必须学会彼此信任，因为只有在信任的基础上建立起来的友情才能承受住风吹雨打，才能够渡过重重的难关，长长久久。

大约在公元前4世纪，意大利有个叫皮斯的年轻人，因为无意中冒犯了国王，被判绞刑，决定在将来的某一个日子里执行。皮斯是一个孝子，在临死之前，他希望能与远在千里之外的母亲见最后一面，以表达他对母亲的歉意，因为他不能为母亲养老送终了。

他的这一要求被有心人告知了国王。国王感念他孝心可嘉，于是同意皮斯可以回家与母亲相见，但有一个条件：那就是必须找到一个人来替他坐牢，否则他的愿望只能化为泡影。这是一个看似简单其实近乎不可能实现的条件。有谁愿意冒着被杀头的危险替他人坐牢，只有傻子才会做这种事情。但是确实就有这么一个傻子出现了，他愿意替皮斯坐牢，这个人就是皮斯的朋友阿尔。

阿尔进入牢房以后，皮斯就立刻赶回家与母亲诀别。人们都静静地关注着事态的发展。时光如梭，眼看行刑的日子就要到了，但是还没有皮斯的消息。一时之间，人们议论纷纷，都说阿尔上了皮斯的当，皮斯肯定是逃跑了。而阿尔依然安心地待在牢里，照样吃吃睡睡，一点担心的样子也没有。

行刑那天，天上下着大雨，当阿尔被押赴刑场的途中，有很多围观的人都在笑他愚蠢，等着看他笑话的人更是多不胜数。但是刑车上的阿尔，不但面无惧色，反而有一种慷慨赴死的豪情。追魂炮被点燃了，绞索也已经挂在了阿尔的脖子上。有一些胆小的人早已吓得紧闭双眼，他们在内心深处为阿尔深深地惋惜，并不断咒骂着那个出卖朋友的小人皮斯。但是，就在这千钧一发之际，皮斯顶着风雨飞奔而来，他高声喊道："等一等！我回来了！我回来了！"

这真是人世间最感人的一幕。所有的人都齐声高喊起来，刽子手甚至以为自己身在梦中。消息传到了国王的耳中，国王将信将疑地急急赶赴刑场。最终，国王被两个人之间的友情所感动，亲自为阿尔松了绑，并当场赦免了皮斯的罪行。

这就是朋友之间的信任。即使是顶替赶赴刑场，也在所不辞，就是因为信任自己的朋友，阿尔才会毫不犹豫地冒着生命的危险顶替皮斯，让他最后见一下自己的母亲，也就是因为朋友之间的信任，即使是最后追魂炮被点燃，绞索已经挂在阿尔的脖子上，他也没有任何的畏惧，却只有慷慨赴死的豪情。这就是真正的朋友之间的信任，无关生死，无关个人的利益，有的只是心灵上的支持。

朋友可能有很多种的解释，也有很多种的含义，但是故事中对朋友的定义就是信任。有了信任，朋友之间才能相知，才能将彼此的心敞开，才能将自己的面纱拿下，才能坦诚地去面对彼此，才能面对生活中的风风雨雨，才能相互扶持，才能不离不弃。所以，不要再去说什么山盟海誓，也不要总是一再地强调自己的心意，更不要去辛辛苦苦地找寻延续友情的灵丹妙药，要知道，友情有时候其实很简单，那就是彼此信任，信任有时候是对友情最好的诠释，也是朋友之间最好的承诺。

但是，并不是说有了友情就一定要无条件的去信任对方，我们要知道，朋友之间的信任并不是盲目的相信，而是一种心灵深处的认可，所以如果缺少了彼此之间的真诚，缺少了彼此之间的了解，信任也就无从谈起。真诚是信任的基础，也是建立信任的最主要的前提条件，所以，若想让自己的朋友信任，就永远也不要忘记自己的真诚。

信任是人类一种珍贵的品格，也是我们对自己的朋友的一个美好的愿望。在我们的人生中，有了亲人的信任，我们就会感到他们对我们的认可；有了爱人的信任，我们就会感到他们对我们的浓浓的爱意；有了朋友的信任，我们也就能感觉到他们对我们的肯定与支持。所以，人生路上如果说少不了朋友，那么朋友之间我们一定要说不能缺少信任，信任就像是维系我们与朋友之间的一个纽带，只有这个纽带挥得更远，系得更牢，我们的心才能更满足，而我们的感情才能更牢靠。

心灵花园

友情需要爱心的灌溉，也需要理解的支持，更需要信任的维系。如果一段友情缺少了信任，就像是一棵没有了根须的大树，最终只能枯萎。

8. 两个人的戏才不会无趣

很多时候友情不是一个人的独奏，也不是一个人的戏码，而更多的是两个人的表演、两个人的舞台。友谊跟爱情一样，需要两个人共同的付出与维护，也需要彼此的理解与包容，有了两个人的共同奋斗，这份友情才会更长久。

友情是什么？跟爱情一样，首先是两个人的相识，然后在彼此的认可与肯定后在他们的心中有了一段情，最后双方为了守住这段情所做出的努力与付出的总和，这就是友情。友情并不是一个人的自作多情，也不是一个人的小心维护，友情是两个人的互相经营，也是两个人共同的奋斗。要知道，在这个世界上，两个人的戏才不会无趣，两个人的表演才会更有味道。

在友情的世界里，只要我们去细心体会，就会发现，什么都是成对成双。就像是友情世界里的相知，必须是彼此心里有了认同以后才可以达到那个效果。如果一段友情，只有一个人想要，而另一个人却无动于衷，那么他们之间就算是建立起了友情，也会像是强扭的瓜一样，不会有甘甜和芳香；同样的，已经建立起来的一段友情，如果只有一个人在那里努力维护，而另一个人总是漠不关心，那么就算是最好的友情，总有一天也会走到尽头。当然，在友情世界里必须存在的信任以及理解也应该是要成双成对的。如果，两个要好的朋友，只有一个人愿意去相信对方，只有一个人愿意去理解对方，那么，总有一天这些信任以及理解都会被对方的怀疑以及误会所打破，存在于他们之间的友情也会随之散掉。所以，在友情的世界里，千万不要让自己的朋友落单，也千万不要让自己的朋友在偌大的舞台上唱着独角戏，要知道，两个人的戏才会有看头。

小青是一个很细致的女孩，她对待自己的友情就像是对待着珍宝一样，小心的呵护着。一个春天的午后，她的好朋友兰兰看到小青桌上的一个漂亮的笔筒，当时就喜爱地把玩，小青就看在了眼里，决定买一个同样漂亮的笔筒给兰兰。所以以后在每次逛街的时候她都免不了要找寻一番，只为那个笔筒，还有兰兰那喜爱的表情。

有一次逛街，小青终于找到了那个心目中的笔筒，并且立刻买了下来，兴高采烈地去送给自己的朋友兰兰。当时兰兰正与她的几个朋友在家里聊天，看了小青递过来的笔筒，连谢谢都没有说，便高高举起来，朝她的朋友们喊："谁帮我下楼去买巧克力吃，我便将这个笔筒送给谁！"几个女孩，纷纷地举起手，去抢那个笔筒。这时候小青站在兰兰的身后，她突然间感到有些难过，而后，她勇敢地，无声无息地，将那个笔筒一把夺过来。在转身离开前，她只说了一句话："抱歉，兰兰，这个笔筒，我不是送给你的。"

在小青的眼里，兰兰的举动无疑是伤害到了她，让她有了一种被玩弄的感觉，更有了一种被友情背叛的感觉。所以不管是对那份友情有多么的重视，对那份友情有多么的不舍，她还是选择了一个人离开，因为在她与兰兰的友情里面，独角戏让她感觉到了伤心，她不愿再唱下去了。

在我们的生命中，如果我们幸运地拥有了友情，如果我们幸运地拥有了自己的朋友，那么我们就不要让友情在那里唱独角戏，我们也不要让自己的朋友在友情的那条路上一个人孤单地行走。遇到了坎坷路，我们可以一起相扶着行走；遇到了大风大雨，我们可以一起撑着伞，共同承担；收获了胜利，赢得了成功，我们可以一起举着香槟，可以一起庆祝；遭遇了挫折，遇到了失败，我们可以一起抹着眼泪，一起给彼此安慰，然后学着坚强，一起站起来；有了误会，有了隔阂，我们可以等待对方的解释，可以站在对方的角度去思考事情，给自己的朋友一份理解，并且给彼此的友情一个机会，然后让误会慢慢消除；犯了错误，做了错事，我们可以在了解真相后记得原谅彼此……不论何时，我们都不要忘记，友情不是一个人的事情，是两个人的相互理解、相互支持，是两个人共同走过的风风雨雨，是两个人共同经历的起起落落，也是两个人共同呵护着守护着的那段情谊。

不要再让自己的朋友孤单一人，也不要再让自己的友情在寂寞的道路上踽踽独行。让友情的这场戏中再多一个人，变成两个人的演绎，也变成两人的对词，这时，我们就会发现，原来这场戏换一种方式，会变得这么精彩，并且两个人的演绎，也让这场戏变得如此有趣。

心灵花园

友情不是一个人的戏码，往往是两个人的共同演绎。在友情的世界里，只有我们懂得了包容，懂得了理解，懂得了彼此守护，我们才能让那段感情走得更为长久，而我们的友谊之花才会开得更加绚烂。

9. 不要让沉默"冷冻"我们的友情

有人说"沉默是金"，也有人说"此时无声胜有声"。但是在很多时候，朋友之间的交流需要的不是沉默，而是坦诚的话语。所以，不要让我们的友情陷在沉默的冰箱里，也不要让我们的友情在沉默中被"冷冻"。

友情的维护很多时候都在于交流，而感情的传递也往往是在交流中完成的。虽然古人说"沉默是金"，沉默是稳重成熟的表现，但是有时候我们也要看是什么时候的沉默，是什么场合的沉默，因为有时候，沉默也可以变成"慢性毒药"，慢慢污染我们的生活，甚至危及我们的生命。

在友情的世界里，不应该有"沉默"一词。特别是在我们的友情遭遇危机，我们的友情中有了误会，有了隔阂的时候，如果我们一味地用沉默去对待，那么，很有可能我们的友情就会面临更大的灾难，甚至走向终结。在我们跟自己的朋友发生矛盾的时候，千万不要让彼此一直的处于冷战状态，没有任何的交流，而应该尝试着去沟通，就算是吵架也无所谓，只要彼此说出了心中的不畅，只要发泄出了彼此心中的愤恨，一切就都还有挽回的余地。

沉默，有时候固然是一种美德，但是在任何的感情面前沉默，就是一种懦弱。有人说，如果喜欢那个人，就不要让自己的冷漠去冰冷那个人的心，不论发生了什么事，不论出现了怎样的危机，都不要用沉默去面对，因为很多时候对人最大的惩罚不是打骂，而是那无言的沉默。友情也一样，更大的隔阂、更大的伤害都是来自那些沉默，来自那些无言的抗争。

宛如和丽娜是一对无话不谈的好朋友，她们总是有说不完的话，都喜欢买好看的衣服，吃一些高热量的零食。她们很庆幸自己一路走来总是有对方陪着，幸运的是她们毕业后分派到了同一家公司，在同一个部门，同住一个宿舍。

朋友之间有点小摩擦是常见的事情，但是有一次两个人却闹得很僵。老是笑眯眯的宛如脸上失去了惯有的笑容，面对丽娜的时候甚至有点阴阳怪气；丽娜也一改往常轻易赔不是的性子，对宛如的阴阳怪气也嗤之以鼻。其实她们之间本来没有什么的，就是丽娜一时口快，在宛如失恋之后将宛如的男友批得一文不值。谁知虽然分手了，这个男友还是宛如的软肋，宛如不许任何人说他的坏话，甚至连最好的朋友——丽娜也不例外。于是宛如和丽娜就争执起来，丽娜说宛如中了那个男子的毒，宛如说丽娜管得太多，以为是自己的好朋友，就可以如此狂妄。结果两个人就闹僵了。

　　宛如因为男友的事情心情不好，明明知道自己理屈也没有向丽娜道歉，而丽娜觉得自己被好友宛如那样说，心里难受也就忍着不理她。一来二去，宛如对于丽娜的不理不睬就有了气，于是事事针对丽娜，而丽娜也就心里更加难受，对宛如则更加失望。这时候正好其他部门缺人，说要抽调一个过去，于是丽娜因为赌气，就主动请调。直到她搬走的那一天，宛如也没有主动和她说话，她也没有妥协，于是她们之间的友情就这样在双方的沉默之中搁下了，也逐渐变淡了。

　　可能我们会觉得可悲，一对那么有缘分、那么要好的朋友就是因为一点小事，而最终分道扬镳了。让她们的友情最终沦陷的并不是她们之间的情分已尽，而是她们面对自己错误时的倔强以及那无声的抗议。面对自己的错误，她们谁也没有选择低头，也没有选择退一步，而是一起选择了沉默地面对，让彼此在沉默中受尽煎熬，也让彼此的友谊最后在沉默中变淡，直至消失。

　　友情其实本身并不是一个脆弱的东西，只是我们将其慢慢变得脆弱了而已。友情本来可以经受得住风雨的考验，也能经受得了岁月的鞭笞，但是我们很多时候都把自己的心慢慢地锁了起来，也将自己的头颅慢慢地抬高，不再像以前一样，遇到了风雨，会将自己的头缩进朋友的胸怀里，也不会再将自己的心向自己的朋友敞开，而是在遭遇了风雨之后，把自己包裹起来，拒绝别人的窥探，也拒绝去关心一样受伤的那个人。所以，我们就和自己的朋友渐渐地走得远了，也就跟他们慢慢疏离了，而我们也最终变成了孤身一人。

不要去沉默，也不要去让沉默冰冻我们的友情。要知道，朋友之间需要交流，需要坦诚，也需要彼此的妥协，在友情面前不是谁先低头就表示谁懦弱，那只是表示他真的很在乎这段友情。所以，不管遭遇了什么样的事，不管有了什么样的误会，都不要去用彼此的沉默折磨那份友情，也不要用彼此的沉默去扼杀那段友情，有什么误解就大声讲出来，有什么抱怨就大声说出来，有什么怨恨就勇敢地发泄出来，这样，存在于我们心间的那份友谊才会长久地延续下去，所有的心结也都会解开。

心灵花园

不要再去沉默，也不要再用沉默去面对自己的朋友。如果在你的心里还有一丝对那份友情的珍惜，就不要犹豫，丢掉那些所谓的面具，用一颗真诚的心去面对那些误解、面对那些隔阂，用言语、用行动，去解开那些驻扎在彼此心中的结。

10. 挚友犹如一面镜子

人这一生，总会有那么一两个人在自己的身边，在我们开怀大笑的时候，他们的脸上也会笑容堆积；在我们神情忧郁的时候，他们眼中净是担心；在我们痛哭流泪的时候，他们的两眼也总是噙满泪花……他们就像是我们身边的一面镜子，总是能在我们的情绪有一丝变化的时候，准确及时的反映出来，让我们看到最真实的自己。当然，他们也会在我们衣冠不整的时候提醒我们；在我们得意忘形的时候向我们泼一瓢凉水；更会在我们犯了错误的时候审视我们，批评我们。这就是挚友，人这一生中最不可缺少的伙伴，他们就像是一面镜子一样照射着我们，也照射着我们前进的道路，同时也给我们指引着正确的方向。

虽说，人在一生中会有很多的朋友，但是并不一定每一个朋友都可以称为挚友。就像在我们的生活中有很多类型的镜子一样，并不是每一种镜子都可以真实的反应我们的形象。怎么样的朋友才可以算是挚友呢？如果把朋友比做镜子，那么只有平面镜才可以称得上是挚友。因为不管是在何时，平面镜都会照射出那个最真实的自己，不管我们丑陋还是美好，都会真实的反应出来，不会为讨好我们而去掩盖我们的丑陋，也不会因为嫉妒我们而丑化我们的美好；同时，不管我们发生什么情况，平面镜也会像一片波澜不惊的湖水一样，激不起半点的涟漪，只会在那里静静地看着我们，守护着我们，不会因为我们的悲痛小看我们，不会因为我们的失败遗弃我们，也不会因为我们的贫穷远离我们，更不会因为我们的富有去讨好我们。

可是人的一生，可谓是朋友好找，但是挚友难求。要想找到一个能在我们辉煌胜利的时候还可以毫不留情地指出我们的缺点，在我们犯了错误的时候，依旧不忘鼓励我们的人确实很不容易。如果我们的生命中真的有了这样的人，我们就不会害怕自己的路走得太弯，也不会害怕自己在原地踏步了，因为挚友如镜，在很多时候，他们可以引领我们向上。

几年前，作家爱丽丝经历了一次糟透了的签名售书活动，也就是那次活动让爱丽丝从一个不同的角度懂得了挚友的真正含义。

那次活动没有多少人参加，这是让任何一位作者都害怕尴尬的事情。更糟糕的是，这是爱丽丝的第一本书的首次公开活动之一。尽管爱丽丝跟自己的工作人员做了大量的推介，但结果只来了两个人。爱丽丝觉得他们只是刚好来了书店，但他们为爱丽丝感到遗憾，所以一人买了一本书。

爱丽丝身边摆着用不上的塑料扩音器和一瓶瓶的廉价香槟,独自对着一大堆卖不出去的书发呆。她孤独地坐在自己的那张小小的作者台旁边,大约坐了一个小时,在连续几个人来问爱丽丝洗手间在哪儿之后,爱丽丝收起海报,回家去了。

对于一个具有宏伟梦想的第一次当作者的人来说,这样的经历真是非常丢脸的事。

回家路上,爱丽丝打电话给自己的好朋友爱莎,希望能获得一点点安慰。她曾经与爱丽丝一起做过销售,爱丽丝想,如果有谁能理解被拒绝的感受,那就是曾经做过销售的人。

爱丽丝一口气将自己的苦水倒了出来,希望爱莎能给自己一些溺爱性的安慰。

但是出乎意料的,爱莎并没有让爱丽丝如愿,在她听了爱丽丝的讲述后,只是深吸一口气,然后就活像个教官似的对着话筒咆哮起来:"爱丽丝,你曾经做过销售代表,你老实对我说,在那个书店 500 米的范围内没有人会买你的书吗?"

她接着说:"难道你熬了那么多个夜晚写成这本书,就是为了像个木瓜一样坐在那里,等着别人向你走来吗?你对这本书的关心,有没有达到让你走出去推销它的程度?"

爱莎不是一个只会教训别人的人。在爱丽丝第二次签名售书时,她带了 3 位朋友来参加,并帮助爱丽丝走遍了整个商场,派发明信片,直至爱丽丝售出了 275 本书,直至爱丽丝将书店里的存书卖完,直至爱丽丝说服书店经理将爱丽丝的书全部放在门口的桌子上。

是啊,这就是挚友,在我们迷茫有困难的时候不会忘记告诉我们正确的方向,也不会忘记伸出援助之手来帮助我们。可能我们有时候希望得到别人的支持,需要朋友的肯定,但是挚友不应该是些只会给我们吃巧克力蛋糕的人，有时候他们也敢于叫我们节食减肥。

如果我们的生命中有了这样的朋友的时候，就应该学会去珍惜他们！他们就像是我们人生途中的一面镜子，在这面镜子里面，我们会看到真实的自己，也会看到隐藏在那细致的妆容之下的自己，并且有了这面镜子的照射，我们也会做更好的自己，走更加坦荡的人生之路。

心灵花园

挚友如镜，不论何时，都会让我们看到最真实的自己；挚友如镜，不论发生什么事情，都会平静地守护在我们的身旁，给我们指引，引领我们向上，让我们做最好的自己。

卷四：

呵护爱情——细节中传递彼此的爱

◎ 第一章　你侬我侬，爱情是丝丝缕缕积聚而成的
◎ 第二章　悉心栽培，婚姻可以让爱情更绚烂

第一章

你侬我侬，爱情是丝丝缕缕积聚而成的

有人说，爱情是生命中的盐，没有它我们的生活就食之无味；也有人说，爱情是生命中的蜜，没有它我们的生活中就没有香甜。

爱情是理解，是包容，是一句关怀的话语，是一个无声的拥抱，是丝丝缕缕积累起来的情感，也是在密密麻麻的平凡日子里面的真心守候。呵护爱情吧！为了我们美好的生活，为了有味道的生命，不要忘了在细节中传递彼此的爱恋。

1. 爱情就好像是一种追求

爱情就好像是一种追求，要么追求一种心灵上的契合，追求一种习惯上的吻合，要么追求一种无休止的浪漫，追求一种贴近心窝的温暖。不管怎么样，每个人都有自己的追求，每段爱情都有自己的方向，只要是自己追求的，自己想要的，那么就是最好，也是最珍贵的。

爱情有时候就像买鞋子一样，总有一双是自己喜欢的样式，也总有一双是适合自己的尺码，不管那双鞋子在别人眼里怎样，不管别人怎么丈量，但只要是自己喜欢的，并且适合自己的，那么就是最好的，也是最漂亮的。所以每个人的爱情都有自己的颜色，也都有自己的味道，有自己的要求，也都有自己的坚持的地方。更多的时候，爱情就像是一种追求，有时候方向会有点差错，有时候过程会有点曲折，也有时候路途会有点难走，但是不管怎样，只要坚持自己所坚持的，追求自己所要追求的，那么总有一天会达到自己的目标。

　　大二那年，李雪恋爱了。都是学生，恋爱中最奢侈的事情，无非是在学校对面的小餐馆里，点一盘鱼香肉丝，配一碗香菇青菜面，或者米饭。李雪是北方人，喜欢吃面；但是男友是南方人，喜欢米饭，每次去吃饭，两个人总要为吃米饭还是面条争执半天。李雪被妈妈的手擀面宠坏的胃，一天不吃面就觉得索然无味；而男友被大米养大的胃，少一顿米饭也觉得没滋没味。他们的爱情谈得并不顺利，总是为一些小事争吵，和好，再争吵，再和好，磕磕绊绊。

　　大四的中秋节，李雪带男友回了老家。父母面前，男孩儿举止得体，谈笑风生。中午吃饭，妈妈特意做了她爱吃的手擀面，她捧着那碗柔韧爽滑的雪菜肉丝面大呼过瘾，又抱怨学校里的面条难吃，挂面比不上手擀面筋道，菜也咸淡不均，还是妈妈的手擀面香啊！一转头，却看见他对着那碗面，眉头紧皱，难以下咽，吃得痛苦万分。

　　她回学校后的第一件事，就是分手。她觉得妈妈说得没错，爱是互相适应彼此包容，一个连一碗面都不能容忍的人，怎么能容忍另一个人？在爱情路上她有她的坚持。

　　毕业后，李雪在一家公司做财务工作。半年后，她常打交道的那家银行的职员开始追她。

　　那一阵她的城市盛行农家游。去郊县，住农家旅馆，吃农家饭，摘西瓜桃子。他们也去了。那天中午，在农民家里，她居然吃到了久违的手擀面，面还没入口，她就醉了。她吃得大汗淋漓，却看到对面，那个男孩面前的饭桌上，挑出了一堆的葱姜。他解释：我这人有个毛病，忌口，对葱、姜、蒜、花椒等一概不吃。她一下子就没有了胃口。她是个热爱美食钟情厨艺的人，她不知道该如何和一个有着诸多忌讳的人生活下去。

　　李雪渐渐成了人们眼中的剩女。后来朋友介绍了他，不帅，也没有很多钱，可她第一次看到他，就被他的眼神打动了。他们在一起，不在外面唱歌跳舞，也没有太多花前月下的浪漫。他也有一手好厨艺，常常，他们俩窝在她小小的厨房，炉子上炖着美味的汤，他弯着腰在炉前缓缓搅动，她在旁边慢慢地剥一棵葱，两个人有一搭没一搭地说着话，空气里一丝一缕，都是恬淡温暖的家的气息。

　　知道她爱吃手擀面后，他就开始跟着她学。和面，揉面，擀面，他把一块面反反复复地揉，擀得薄而均匀，细如发丝。那天，吃着美味的手擀面，他感叹："真没想到，我这辈子还会擀面条。"而她，在那碗热腾腾的手擀面前，忽然落泪。他着了慌，又是拿毛巾，又是递手帕，语无伦次地说："你别哭啊，是不是我擀的面不好吃？下次我一定努力擀得更好些……"

　　泪光中，她突然绽出一张如花的笑脸。她想告诉他，她要感谢这碗面，不过是普通一碗手擀面，却让她尝到了真正的爱情的味道。

　　可能我们会说故事中的这个女孩太过执著，对于吃面这件事情，如果真正爱对方，可以放弃。但是我们有没有想过，如果故事中的那两个男孩真的爱女孩，怎么不能容忍女孩吃面呢？每个人对自己的爱情都有一定的追求，恰恰故事中的李雪追求的是爱情中的包容与温暖，虽然她在爱情路上走得并不通畅，为了自己的追求她放弃了两段爱情，但是她的追求也并不是没有结果，还是收获了自己的幸福。

　　很多时候，爱情就好像是一种追求，也好像是一场寻找，每个人都有自己想要的东西，每个人也有自己最特别的坚持，只要他们找到了自己最想要的那个东西，找到了自己最特别的那个坚持，那么他也就收获了自己的幸福，不管这个幸福在别人的眼中是怎么样，也不管这个幸福的外表是如何，那都是他们自己想要的，对他们来说也是最美的，也是最值得珍惜的，因为那就是他们自己的爱情。

心灵花园

每个人都有自己的爱情，每个人也都有自己对爱情的要求，爱情很多时候就像是一种追求，追求自己心中的所想，追求自己心中的坚持，不管道路多么曲折，但只要我们用心去追求，总有一天我们会达到目标，收获自己的幸福。

2. 爱情有时候就像是机遇

爱情有时候就像是机遇，需要我们去细心地发现，也要我们去捕捉和把握，因为在很多时候一旦错过了就不会再来，所以珍惜身边的爱情，珍惜身边的那个人吧，不要让爱情在自己的身边悄悄溜走。

有人说，爱情是缘分，是在对的时间对的地点遇到了对的人的一种浪漫，只要遇到了，不管怎样，这一份爱情也能走向圆满。也有的人说，爱情就像小偷一样，来的时候无声无息，走的时候却是损失惨重，令我们无法去捕捉。那么，爱情究竟是什么呢？是缘分还是机遇，是圆满还是损失？

其实，爱情既是缘分也是机遇，既是圆满也是损失。在爱情的世界里，如果没有缘分，在茫茫人海中两个人就不会相遇；即使相遇也没有认出彼此，也没有去抓住机遇，好好把握，也就是没有结果，爱情也就是损失；如果能够抓住机遇，把握好彼此，收获了幸福，那么爱情就是一种圆满。所以，爱情有时候就像是一种机遇，需要我们的细心发现，及时把握，以及好好珍惜。

在我们的生活中，如果看到了爱情的尾巴，我们就应该及时地去抓住它，把握它、珍惜它，千万不要因为自身的一些原因，也不要因为一些外界的原因而错失爱情，让它在自己的身边悄悄溜走，留下终身的遗憾，并且让爱情变成一种损失。

一个年轻的女孩，很漂亮，独自住在一个很大的房子里，很多优秀的青年追求她。一天，她发现有人往自己的信箱里放了一支玫瑰，没有经过什么修剪，歪歪扭扭地插在信箱里。

第一天很平静地过去，第二天，又是一支，然后是第三天、第四天、第五天。怒放的野生玫瑰每天出现在眼前，像是一封封热切而羞涩的情书。

一个月后，她倚在窗边，纯白的纱织窗帘缓缓飘动，她看到了那个送花的人。

少年是骑着单车来的，普通的卡其色工作套装，眼神直接，额角上有薄薄的水雾。是汗呢？还是清晨玫瑰盛开之地弥漫的雾气？她攥着窗帘，没来由地紧张起来。

少年下了车，将别在衣袋中的玫瑰摘下来插入信箱，动作干净而熟练。她默默看着整个过程，她看见少年结束了所有动作走向单车，突然想出声叫他。但是，没等她叫，少年突然回了头。

他们的目光一瞬间对上了，谁都没有移开。少年突然笑了，如她想象的那样，眼中盛满朝霞。

她在那一瞬间爱上了这个少年。

少年依旧每天带着玫瑰前来，女孩依旧每天在窗后等待。有时少年对她展颜一笑，令她失了神。她暗暗许愿，等到少年的花送到100支，她就走下楼对他说："我嫁给你好吗？"

她把每朵花的花瓣摘下来晒干保存。她想着等到第100支花送来，她可以用这些花瓣制成枕芯，让它陪伴自己和爱人一个个甜蜜的夜晚。

女孩继续着她漫长而幸福的等待。第97支、第98支、第99

支——幸福戛然而止。

第 100 支玫瑰该到的那天，男孩没有来。

那天下雨，风很大。或者他的车坏了，又或者那天他的玫瑰园一夜枯萎——总之他没有来。

然后，一个晴朗的清晨，路口再次出现了单车的影子。来的不是他，是一个陌生的邮差。

"那个男孩怎么没有来？"

邮差不明所以地挠着头，仍然是卡其色工作套装："啊，他辞职了。"

最终，她还是不知道那个乘着晨光出现在窗外的少年是谁，他的姓名，他会用怎样的语气呼唤自己的名字……她想知道的所有事情，全部失去了追踪的痕迹。

是我不必要的矜持将一切推向了无可挽回——她这样悲痛地想。

她很后悔，决定不再理会什么第 100 支玫瑰。她要一直等，等少年再次出现在自己面前，这次一定不会有任何犹豫——我嫁给你好吗？一定要说出来！

流光易逝。女孩终生未嫁，垂垂老矣——她仍在思念那个少年。

可能我们会为故事中的女孩感到惋惜，对一个并不知道姓名，也没有讲过话，只是送了自己 99 朵玫瑰的男子，值得赔上自己的一生吗？值得，在她的心里一直是这样想的。因为女孩遭遇了爱情，她的爱情遗失在了那个男孩的那里，她懊恼自己的矜持，她也遗憾自己错过了爱情，所以她想用一生的时间去等待他，等到下次遇到爱情，她就可以及时地抓住，但是谁能想到，这一等就是一生。

所以爱情很多时候就像是一场机遇，如果错过了，那么这一生可能就不会再有。就像是刘若英在她的歌曲《后来》中唱到的：后来我总算学会了如何去爱/可惜你早已远去消失在人海/后来终于在眼泪中明白/有些人一旦错过就不在……

不管是正在经历着自己的爱情，还是没有经历过，当爱情来到时，我们都要学会去把握，学会去珍惜，因为爱情本来就是一场机遇，容不得我们太久的犹豫与错失。

心灵花园

爱情是一种缘分，当然更多的时候是一种类似机遇的东西，它有时候来的无声无息，走的时候也不带痕迹，这就需要我们细心的发现，及时地把握以及好好地珍惜。

3. 一个拥抱中孕育的爱情

拥抱是一个距离最近的姿势，也是一个看不到彼此的表情的姿势。有时候，拥抱不单单是一个礼节性的动作，有时候也可以产生浪漫的爱情。拥抱中的爱情让我们感觉到安全、温暖，让我们在最近的距离中可以分享彼此的快乐与悲伤，所以，给爱情一个拥抱吧！让生命远离那些孤单。

不管何时，爱情都像是一个永恒的话题缠绕着我们每一个有生命的人，从古代到现代，从国内到国外。

"关关雎鸠，在河之洲；窈窕淑女，君子好逑。"这是《诗经》笔下对爱情的向往；"身无彩凤双飞翼，心有灵犀一点通。"这是李商隐笔下的爱人之间的默契。在古代，爱情似乎是一个隐晦的话题，只是文人笔下世人眼中的风花雪月，对于平常人来讲，爱情似乎很遥远。但是现代就不一样了，爱情有了洁白的羽毛，像天使一样尊贵纯净，出现在我们每个人的心中，当然，爱情也脱离了古代的那些条条框框，显得更加热烈自由。"我如果爱你,绝不学攀援的凌霄花,借你的高枝炫耀自己。"在舒婷的眼中,爱情不需要条件,爱情更需要的是独立与自由,她跟很多现代的女性一样向往着纯洁的爱情。"世界上最远的距离,不是生与死的距离,而是我站在你面前,你不知道我爱你。"这是泰戈尔笔下的爱情,写出了陷入爱情的痛苦,以及爱人不知道自己心意的那种酸涩与苦楚。

爱情是甜蜜的,同时也是苦涩的。在追求爱情的路途中,那里有迷惑有彷徨,有悲伤也有喜悦,爱情就像是人生的味道一样,充满着未知,也充满着诱惑。如何才能捕捉到爱情呢?这可能是我们每个人都想要知道,却没有一个令人满意的答案。

可能有人说,追求爱情要有999朵玫瑰,要有可爱的玩具熊;追求爱情要有莫大的勇气,也要有坚韧的毅力。是的,追求爱情是一段非常艰苦的旅途,在这个旅途中需要很多的技巧与心思,但是这也不等于说没有技巧,那么就追求不到生命中的爱情。有时候,爱情的降临可能仅仅是一句问候的话语,或者一个深深的拥抱。

女孩是校园里最美的校花,男孩只是一个来自山里的小子,但是女孩却爱上了男孩。她爱得大胆而真挚,不仅写了很多封求爱信,也很多次在校园中堵住男孩的去路表达自己的心意。但是每次男孩都拒绝了,理由很简单,他不爱她。事实果真如此吗?不,他也喜欢那个女孩子,她是他心中的女神。可是他负担不起爱情,因为家庭的贫苦,他要每天去打工维持自己的生活,时间总是排得满满的,他没有时间去谈感情,同时也没有多余的金钱去给自己心爱的女人像别人一样买她喜欢的东西,所以他拒绝掉这份感情,即使很不忍心。

日子也在这般的平凡中过去了,临近毕业,女孩还想给自己一次机会,所以约了男孩在学校门口的餐厅见面,而男孩也如期赴了约。谈话间,女孩还是像往常一样表露了自己的心意,但是男孩还是拒绝了,看着女孩朦胧的泪眼，虽然很心疼，但是没有办法。最后临离开前，女孩说自己要出国了，想要离开这个伤心地，她恳求男孩给她一个拥抱。男孩也答应了，说毕业前的那一天约女孩去公园。

很快乐的一天，女孩笑得像一个天使一样，而男孩也满心的幸福，似乎没有了那些生活给他的负担，他的容颜显得更加的刚毅与英俊，笑容也更加的坦然与满足。离别了，也是兑现诺言的时候，男孩紧张得走向前，用一只手臂轻轻地拥抱住女孩，感觉到怀中女子的颤抖与啜泣，他的心狠狠地抽痛着，泪水似乎也要飞奔而出。就像是被施了魔咒一样，男孩收紧了自己的双臂，将怀中的女子紧紧地拥在怀中，他容许自己的这一次放肆，只想拥抱自己心中的女神。女孩似乎也感觉到了，所以这个拥抱持续了不知多久。

女孩要出国了，送行的人有很多，她的父母同学还有朋友，当然他也在其中。象征性地拥抱过每一个人后，又到了男孩面前。这次，男孩没有任何的犹豫，只是将女孩紧紧地抱在胸前，他不顾别人异样的眼光，同时低声对她说，如果还觉得喜欢我，那么我等你回来，做我的女朋友，女孩含着泪水，轻轻地点了一下头。

七年过去了，男孩跟女孩已经有了共同的孩子，还有他们幸福的家庭。回忆起当初的日子，女孩问男孩，当初究竟是什么改变了他的心意，男孩有了岁月痕迹的脸上突然有了一丝不自然，然后抱着女孩说道："是你的那个拥抱，让我明白我生命中最可贵的东西。"女孩笑了，在男孩的胸前，有泪水流出，但那是幸福的。

再热烈的爱情没有彼此的呼应也不会收获幸福的果实，如果我们能用自己心中最深沉的那份真挚去追寻着心中所爱，那么，总有一天爱情也会降临在我们的身上。故事中的男孩，在沉重的生活负担面前，不能直视自己的爱情，直到女孩离开前夕的那一个拥抱，才唤起他沉睡在心中最深沉的爱恋，也最后挽回了他的爱情。

在生活中，我们有时候就像故事中的男孩一样，因为种种的顾虑而不能拥抱自己的爱情，甚至舍弃自己的爱情。但是我们要知道，爱情是没有任何的附加条件与任何的阻挡的，我们有时候也无法逃避，当爱情来临之时，记得去拥抱它，拥抱自己爱的那个人，让他感受到自己的情谊与真心。

心灵花园

不要忽视生命中的每一个拥抱，也不要去轻易放弃自己生命中的爱情。情谊因为有了拥抱才能更好的传达，而生命也是因为有了甜蜜的爱情才会变得更加美好。勇敢地追寻爱情吧，在还没有得到爱情之前，呵护爱情吧，在得到爱情之后，要好好地珍惜。

4. 山盟海誓不如一个感动的瞬间

爱，有时候不需要山盟海誓的承诺，也不需要甜言蜜语的宠溺，有时候只需要一句关怀的话语、一个体贴的动作以及一个会意的眼神，还有那一瞬间带给我们心灵的悸动。

可能一提起爱情，我们就会自然而然的想到那天涯海角的相随，山盟海誓的承诺，或者会想到那轰轰烈烈的追求，生死相依的守候，以及无法说完的甜言蜜语。可是那真的是现实生活中存在的爱情吗？还是只是出现在电影里或者电视剧里被美化的生活的瞬间？

其实，在我们的现实爱情中，山盟海誓般的爱情，生死相依的执著守候并不是说不可能出现，只是那些东西都太过于华美，也太过于短暂。因为生活毕竟是现实与琐碎的拼凑，不管曾经多么轰轰烈烈的爱情，只要走进生活这个现实的世界里面，那些甜言蜜语，那些海誓山盟似乎顷刻间都会烟消云散，而留给我们的也只是一些遗憾与对爱情的不满。如果我们的爱情一开始，就是生活中的琐碎带来的甜蜜以及彼此相处时一个细微的动作带给我们的感动，没有那些海誓山盟许下的承诺以及轰轰烈烈的追求带来的浪漫，那么我们对爱情的期望就不会高过现实，对自己恋人的要求也不会超越实际，我们就会在生活的细微中懂得捕捉爱情的痕迹，也会在现实生活中懂得品尝那些爱情带给我们的丝丝感动，然后懂得珍惜。

在爱情的世界里，有的时候一个山盟海誓的承诺也抵不过一个体贴的动作，或者一句关怀的话语。

李林和王辉第一次见面是在华山公园。走了一段路，李林说，坐一会儿吧。王辉看到一张石条凳就坐上去。李林忙叫他起来，掏出手帕在凳子上擦了又擦，然后才让王辉坐下。看着李林擦凳子的样子，王辉瞬间就喜欢上了她，并且改掉了随便乱坐的习惯。

一天晚上，王辉送李林回家。在林荫道上，王辉动情地抱着李林，并动起手脚来。李林一阵挣扎，还动手打了王辉，然后一双大眼睛落下泪来。王辉停了下来，并与李林保持了两步的距离。到了她家楼下，李林突然回过身，搂着王辉的腰，在他的唇上亲了一下，然后头也不回地消失在楼道里。王辉瞬间醒悟，这个李林，是值得他去怜爱的。

新婚之夜，客人都散了。王辉催促李林洗漱入睡，李林却忙着拆红包算礼金，一笔一笔地记在本子上。王辉正想说她俗气时，李林扬着那沓钱说，这些，都是我们以后要还的债，但在没还之前，我得先给你买套西装，我觉得你今天婚礼上穿的西装不适合上班穿。王辉耸然动容，这个李林，值得他与之白头偕老。

儿子出生的那晚，李林难产，在产床上痛得死去活来。医生在做最后的努力时，她要求对王辉说句话。医生破例让王辉进了产房。李林紧紧抓着王辉的手说，如果只能活一个，我会很幸福地死去，你一定要好好待孩子，因为他身上有我的影子。王辉心疼不已，觉得李林的身上闪耀着母性的光辉。好在王辉正决定如果二者只能保其一，就保住李林时，儿子顺利地降生。

后来王辉与李林省吃俭用地买上了房，但仍欠了一大笔债，因而装修时一切从简。楼上楼下邻居都用塑钢玻璃封阳台，唯独他们家没有封，从楼下往上一看，一眼就可以看到那阳台、那窗户和门，还有晾着的那几件衣衫。

一天，王辉在外头遇上了烦心事，疲惫地往家走着。到小区门口，王辉像往常一样不由自主地往自家的阳台看。李林正在阳台上收衣服，每收一件抖几下。夕阳正要落山，余晖照在李林的身上，如镀上一层金黄。王辉停下脚步，看呆了。李林把散落的头发捋到耳后，不经意间，看到了站在楼下的王辉，原来专注的表情一下子不见了，脸庞如花绽放，并向王辉挥手。就在那一瞬间，王辉满心的阴云一扫而光。

这就是爱情，也是生活中最平凡的爱情，最令人感动的爱情。他们之间没有动人的甜言蜜语，也没有令人陶醉其中的山盟海誓，更没有惊天动地的行为，他们有的只是那一个个平凡日子里不经意的一个又一个令人感动的瞬间。但就是这些瞬间渲染着他们的爱情，维系着他们最美好的婚姻，也温暖着那两颗为生活不断奔波的心。

不要再去抱怨自己的爱人没有给自己山盟海誓般的承诺，也不要再去指责他们没有给自己罗曼蒂克的浪漫，也不要再去羡慕别人口中的甜言蜜语。只要自己的爱人给了我们关怀的话语，给了我们贴心的温暖，以及知道疼爱我们担忧我们，懂得在琐碎的生活中呵护我们，包容我们，那么我们就已经得到了最美好的爱情。因为这样的爱情最真实，也最长久，并且也最令人感动。

要记得，在爱情的世界里，最美的不是海誓山盟，也不是甜言蜜语，而是在平凡的生活中蕴含着的丝丝感动。

心灵花园

真正的爱情，不是轰轰烈烈的追求，也不是海誓山盟的承诺，而是那藏在平凡日子里的一个又一个细微的感动，还有那蕴含在琐碎生活中的丝丝缕缕的关心与守候。

5. 不要让爱你的人在等待中哭泣

虽然有时候，爱情可以超越时间，超越空间，但有时候却经不起漫长的等待，特别是在一场没有主角的戏里面。因为那部戏太凄凉，也太寂寞，演得久了，心也就倦了，即使是再深的爱恋，最后也只能独自散场，悲伤离开。

真正的爱情是不需要等待的，即使要等待也是知道结果的等待，也是有希望的等待，而不是一个人的独角戏，也不是一个人的孤单对白。

女孩说："我等你，不管多少年。""我不会等你，真的。此一去山高路远，我无法确定我的未来。"男孩说。可能我们会觉得这个男孩很残忍，但是除了残忍之外难道我们就没有丝毫的感动吗？我们虽然不知道那个男孩究竟爱不爱那个女孩，但是我们可以肯定的是那个男孩很真诚，也很有责任感。如果他爱那个女孩，那么为了自己爱的人，为了自己不确定的未来，他没有自私地让女孩一直去等待，因为他知道在这个世界上变数太多，女孩的感情他也无法去辜负；相反的如果他不爱那个女孩，他也没有因为自己一时的虚荣之心而让他的世界里多了一个女子苦苦的等待。所以，不管是我们爱还是不爱，都不要因为自己的自私、虚荣或者是其他的理由让爱自己的那个人一直苦苦等待，也不要让他的心在等待中哭泣，在等待中绝望，变得苍老。

其实，爱情是两个人的事情，即使其中的一个人再努力，如果没有对方的回应，那么再热忱的心，再真挚的爱恋，再漫长的等待，终究只会是一场刻骨铭心的悲剧。如果你爱那个人，就牵起他的手，给他真诚的回应，不要让他一直在等待中遭受煎熬，然后最终离你而去；如果你不爱那个人，那么就走上前去，勇敢地对他说清楚，也不要害怕他伤心，因为经过漫长的等待后依旧没有结果的爱恋才最让人痛彻心扉。

和刘军初相识的时候，有一次女孩坐在电脑前看稿子，不经意地揉了一下眼睛，说，"好疼！"没想到刘军竟上了心，下次来的时候，就带了一副眼镜。刘军从眼镜盒里拿出眼镜，细心地给她戴上。她漫不经心地问了一声："多少钱啊？"刘军憨憨一笑："不值钱。"

那时候她刚刚失恋，心灰意冷不肯再相信什么爱情。接受刘军，只是为了填补内心的空虚和失落，因为她需要一个人来陪。可她一直对刘军冷言冷语的，在心里认为，刘军并非是自己的最终选择。因为刘军是个太平凡的男人，她那些风花雪月的浪漫情愫，他怎么能懂？她漫不经心看着刘军给她洗床单、衣服，给她做她最爱吃的红烧鲤鱼，给她买她喜欢的零食。偶尔她也会为刘军感动，但，也仅仅是偶尔。她的激情和爱恋，似乎都已经随着那个人的离开从身体里剥离了。

尽管她每天待在电脑前的时间很长，可是刘军送的眼镜，她却并不常戴。她有一双很美的丹凤眼，而眼镜，会把她的美丽遮掩，那个精致的眼镜盒，一直静静地躺在她电脑桌的抽屉里，恰如深夜的昙花，在静静绽开以后，便是长久的沉寂。

后来，他们终于分手了。因为在她的眼睛里，刘军看不到自己，而这场注定没有结果的恋爱，让刘军身心疲惫，所以他选择了离开，即使那是自己多么深爱的一个女孩。

对于女孩来说，日子仍然淡淡地过，她仍然每天熬夜写稿子，在电脑前一待就是大半夜。可是有几天，为了赶编辑的约稿，她接连熬了几

卷四：呵护爱情——细节中传递彼此的爱

183

个通宵。早上起来，她漂亮的丹凤眼又红又肿，怎么也睁不开。她使劲去揉，感觉特别痛。上班，同事们居然都不敢与她对视，医生看了她的眼睛，埋怨她用电脑的时候怎么不知道给自己配一副眼镜。

回去的时候，她顺路去妹妹工作的眼镜店配眼镜。她说要那种防止电脑辐射的眼镜，妹妹说："你不是有那种眼镜吗？就在你电脑抽屉里放着，你怎么一直都没用啊？难怪你眼睛成这样……"她这才想起抽屉里的那副眼镜，原来最能保护她的东西，竟一直被忽略了。她看了一眼柜台里那种眼镜的标价，吓了一跳，以为那么普通的一副眼镜，竟要六百多块，那几乎是刘军一个月的工资啊。

回家，重新戴上刘军为她买的眼镜，在薄薄的镜片后面，她忽然流泪了。她终于懂得了刘军曾经隐藏在眼镜里的爱情：美丽的眼睛只有在眼镜的保护下才能不受伤害，就像爱情，再美丽浪漫的爱情，也需要一颗温柔细致的心去呵护啊！

当女孩发现这份可贵的爱情的时候，已经晚了，因为那个温柔细致、疼爱着保护着自己的男子已经远去，是她自己让他在爱情的那场戏里面一直扮演着孤独的配角，让他的心在无边的等待中变得苍老、变得绝望，他带着一身的疲倦孤独地离开。是她亲手丢掉了自己的爱情，也推开了那个曾经呵护着自己的人。

不要让爱自己的人在无边的等待中变得疲倦，也不要让自己的爱人在爱情的戏中一直唱独角戏，要知道，很多时候爱情经不起等待，人生也容不得后悔。

心灵花园

爱，是一份责任，更是一份承担。如果爱了，就不要让自己的爱人一直苦苦的等待，承受无边的煎熬；如果不爱，那么就让他死心离开，不要在等待中绝望，然后苍老，要知道，真正的爱情都经不住等待。

6. 爱情有时候需要坚持

爱情，有时候可能只是一种理想一种愿望，但是当两个人的爱情想要变成现实，想要走向圆满的时候，就需要去坚持。因为爱情的这条路，有时候并不是一帆风顺的，我们需要去面对各方面的阻隔，应对各方面的压力。

人的一生，可能要走很长的路，在这条路上可能要遇到很多的困难，需要我们去克服。爱情也一样，也是一段很长的路，也会遇到很多的困难与荆棘，需要我们去努力，去坚持，去克服。在我们的人生中，并不是所有的爱情都能被祝福，也不是所有的爱情都能够走到最后，获得圆满的。有些爱情可能一出现就有祝福，有支持，有鲜花有笑语，一路平坦；有些爱情，可能不仅没有祝福，更多的是阻挠与反对，障碍重重。但是不管是支持还是反对，一路平坦还是障碍重重，那都是爱情，都是两个人心灵碰撞出来的火花，都是一生想要守候的一个美好的愿望。

爱情遇到了阻碍，有的人选择生死相许，就像梁山伯与祝英台，为了不被祝福，充满阻挠的爱情，最终谱写凄婉动人的《化蝶》；爱情遇到了反对，也有的人选择了向现实妥协，离开对方，最后空留一生的遗憾。

琳琳20岁的时候，在一家传呼台工作。强子长她4岁，大学毕业暂时未谋到合适的职业，闲居在家。两人彼此深爱，并许诺要与对方厮守终生。

琳琳的工作性质让她患了咽炎，嗓子肿痛是常有的事。一天值夜班时，琳琳的嗓子又一次发炎了。正巧这时强子打来电话，听到话筒中传来琳琳费力的微弱问候，强子很心痛，他匆匆安慰了几句就挂断电话。

40分钟之后，强子气喘吁吁地出现在琳琳面前，手里还拎了一大袋子药，要知道当时已经是深夜12点多了。可强子连肩上的雪花也来不及抖落，就一口气说道："这盒白色的消炎药，外面有层糖衣，不苦；这盒是胶囊，也不苦；这瓶黑色的小粒粒是含服的，是甜的，剩下的这些都是含片。我知道你不爱吃苦药，挑的都是不苦的。如果你觉得这药还是难吃的话，那就在吃过药之后再吃点儿巧克力。"说着变魔术似的又从袋子里掏出一大盒巧克力。

琳琳扑哧一声笑了，费力地嗔怪："你真傻！哪有嗓子疼还吃巧克力的。"强子愣住了，这一点儿显然出乎他的意料，好久，他才窘窘地嘟囔："对不起，我没想到这一点儿。"琳琳望着眼前强子那掫红的写满关切的脸，刹那间一种难以言喻的感觉涌上心头，嘴唇微微动了动，但最终却什么也没有说出口。琳琳的病很快好了。以后的日子里，琳琳身边总是少不了各种各样的含片，都是强子买的。

所有人都以为他们会永远这样甜蜜地牵手走下去，然而一年之后两人竟然分手了。原因很简单，琳琳的母亲执意反对他们的相爱，且仅仅因为强子来自农村。面对这样的现实，彼此深爱的二人并没有像书中或电影上说的那样"私奔"或"誓死不渝"，而是选择了分手，分手那天，两个人出奇地平静，平静得几乎连他们自己都不敢相信。

后来琳琳嫁作他人妇，平淡的日子如水般逝去。

一日，琳琳的咽炎再次复发，她让丈夫去买些含片，然而丈夫带回的却是一盒处方药。琳琳接过药片，放进嘴里，不禁苦得皱眉，好久没有吃过这么苦的药了！丈夫在一旁安慰道："良药苦口！"

突然，琳琳的身体猛地一颤，一种前所未有的巨大痛楚于瞬间猛袭她的每根神经。当初那个雪夜的所有情景一一清楚地浮现在她的脑海里。那个送她含片加巧克力的强子的身影固执地占据着琳琳的心。她和他在一起时的点点滴滴霎时竟全部纷至沓来，任凭琳琳怎样试图忘却，都挥之不去。

琳琳的眼里没有泪，但琳琳的心中却分明滑过一串晶亮的水滴！那是她依旧在流泪的爱情。

不是不相爱，也不是不想爱，只是向现实低下了头，所以他们的爱情一直就流着泪，就像是琳琳心中划过的那串晶亮的水滴一样，只有自己才能体会那里面的辛酸以及苦痛。面对爱情路上的坎坷，面对琳琳母亲的阻挠，他们两个人竟然没有任何的挣扎，选择了分手，没有给他们的爱情丝毫的机会，即使那么的相爱，只能空留一生的遗憾与辛酸。

在我们的人生中，爱情遭遇阻挠，遭遇挫折其实很平常，如果我们没有丝毫的反抗，没有一点的努力与坚持，那么再美好的爱情也会成为曾经，爱着的那个人也最终会成为过往。对于爱情，虽然我们不主张像梁祝一样的生死相抗，但是我们也要学会去争取，去努力，去坚持，要知道什么事情，只要你真正去努力过了，只要你去尽力争取了，即使结果还是一样，我们的人生也不会有太大的遗憾。

心灵花园

爱情有时候没有我们想象中的那么简单，也会遭遇很多的磨难，需要我们不断地努力与坚持。所以，在爱情中只要我们懂得坚持，不轻易放弃，不管结果如何，我们在以后的人生中也就不会有那么多的悔恨与遗憾。

7. 不要让爱情在平地上跌跤

爱情的世界需要两个人的专注与信任，而不是互相的猜忌与不断地试探与怀疑。如果相爱了，那就专心地去相处，不要总是患得患失，让彼此的爱情在平地上跌跤。

有些爱情，可以跨越高山的阻隔，可以渡过湍急的河流，也可以走过泥泞的小道，但是唯独却走不过平坦的大道，往往就在平地上跌了跤；有些爱情，也不是被外界的阻挠所扼杀，而是被彼此的猜疑与试探所打败，让两个相爱的心灵从此分道扬镳。要知道，在爱情的世界里，只有相爱是远远不够的。有的人说，只要我们相爱，就没有迈不过去的坎，可说是这样说，但是真正做到又谈何容易呢？

相爱，往往会让两个人的心灵变得脆弱、变得敏感。因为在乎，所以才会有那么多的思考，才会忍不住去猜忌、去怀疑；因为在乎，所以才会想要靠得更近，才会想要去束缚，去牵绊；因为在乎，所以关于彼此的事情都想要知道。要知道，在乎并不是理由，相爱不应该是相互的猜忌与怀疑，束缚与牵绊，也不是轻易的在平地上的跌跤。相爱，应该是彼此的信任与理解，支持与拥护，是在任何困难与阻挠下的不妥协，也是在平地上的安安全全地行走。

在爱情的世界里，不要去猜忌对方，也不要去怀疑自己的爱情，更不要一直去试探对方，如果想一直走下去，就不要让自己的爱情在平地上跌跤。

西梅是某电子商务公司的市场部主管，杜斌是某医药公司的销售总监，两个人在一次宴会上邂逅。西梅相信，在他们见到彼此的一刹那，都听到了某种声音。其实有时候爱的到来是有脚步声的，虽然形容不出，但曾经听见的人都能确切地知道，西梅跟杜斌听见的就是这个声音。他们从此在朋友的圈子中消失，把所有时间都投入到了二人世界。

如同所有情侣，他们寻找各种可以分享的游戏，美食餐厅、有趣的酒吧、动物园、大头贴、最新电影，对这个世界司空见惯的一切重新怀有了孩童般的热情。他们在各自开会的时候短信，在午休时间跨越两个区共进午餐，在赶赴约会的路上就开始煲电话粥。

但三个月以后，西梅开始感到说不清的压力。

杜斌在攻克一个新客户的时候遇到了刁难，这一堆麻烦，杜斌对西梅说了不下几十次，情绪上表现出消沉、焦虑和忿忿不平。西梅用了各种方法安慰开解，与杜斌同仇敌忾，设想各种可能的方法帮助杜斌。

有一天，西梅忽然意识到，杜斌怎么可能这么脆弱呢？升任销售总监四年，还不包括此前的销售经历，杜斌是攻克了多少不可能的客户才到达今天的。西梅其实帮不到杜斌什么，杜斌也并不需要。杜斌如此这般夸大烦恼想要得到的，只是西梅的焦急。

杜斌时常给西梅"惊喜"，订好三天温泉度假酒店的套餐，打电话邀请西梅直接出发，连面霜和换洗的衣裳都为西梅细心买好放在车后座。第一次、第二次，觉得很浪漫；第三次、第四次，西梅开始烦恼，西梅不能总是放下事先安排好的一切，就这样离开吧。

西梅坐在副驾上，在驶往温泉的路上，不得不一刻不停地打电话，取消事先的约定种种，不住地道歉。杜斌听着，车开得飞一般快。西梅有一种直觉，杜斌这么做，似乎是想要证明西梅会为了杜斌放弃自己的世界。

西梅确实很爱杜斌，西梅当然会在杜斌遇到困难时，焦急、关切，尽她所能。西梅也愿意为了杜斌放弃一部分她自己的安排，跟随杜斌的节奏。回来检审过自己的内心之后，西梅打算忘掉气恼，告诉自己不要过分敏感。可是这个时候，杜斌又从医院打电话给西梅，说他的血液报告里有两项偏高和偏低了。杜斌问，要是他的健康出了问题，西梅还会不会跟他在一起。

并不是女人才爱问，你爱不爱我？男人也会问，只是不用直接的言语。也不是男人才会渐渐不耐烦回答这样的问题，女人也会。西梅觉得这种试探始终没有停息的一天，所以她跟他分手了，爱情在平地上跌了跤。

可能杜斌是太在意这份爱情了，也可能是他对自己的不自信以及对这份爱情的不自信，所以才会那么多次的试探自己的爱人，有那么多的任性的行为。当然可能更多的是他没有真正去专注这份感情的本身，而是不断地想要去确定对方的爱意，而没有看到对方对他的付出以及包容，所以在这场爱情里面，杜斌分心了，在他的患得患失中，他们的爱情在平地上跌了跤。

一份真正的能够长久的爱情，需要的是两个人的专注与相互的信任，需要的是两个人的相互理解与包容，而不是不断地怀疑与试探。所以，珍惜爱情吧，也专注爱情的本身，不要让自己的爱情在平地上跌跤。

心灵花园

一段真正的爱情是专注爱情的本身，是两个人之间的相互理解，相互信任，以及相互包容，而不是分心在一些自己猜忌的事情上面，更不是让数不完的试探与怀疑缠绕双方，从而让爱情在平地上跌跤。

8. 不让抱怨成为爱情的刽子手

当我们的爱情遭遇现实，回归到生活中的琐碎，可能就会产生很多的不满，产生很多的磕碰。在这个世界上，没有什么是十全十美的，生活如是，爱情如是，爱人也一样，不要去为一些小事抱怨，也不要为一些无谓的事情去纠缠，因为很多时候抱怨就会像是一个刽子手，会扼杀掉我们的美好爱情。

在我们的情感建设中，似乎总是逃不过这样的一个怪圈。当两个人的爱情经历过了热恋，经历过了阻挠，经历过了坚持，经历过了奋斗，最后回归到平淡，回归到现实，回归到琐碎的日子的时候，就不会再有当初激情中的贴心与彼此理解，也不会再有共同渡过难关时的互相支持与包容，也不会在应该迎来幸福的时候真正修成正果，过得美满幸福，往往是在那些风雨过后的日子里面充满了矛盾，并且危机重重。这是什么原因呢？

爱情在刚开始的时候对每个人来说都是新鲜的，对彼此有着强烈的渴望，也就只看到彼此的优点与长处，而很难看到彼此的缺点与不足，这时候两个人处于相互欣赏的状态，所以就不会发生什么矛盾；相同的，在爱情遇到外力的阻挠，在爱情有了困难的时候，两个人有共同的敌人，为了他们坚守的爱情，他们要一起坚持一起努力，这时候他们的心就会紧紧地拴在一起，并且一切的精力放在应付外来的困难上，而不会更多的注意彼此，这段时间他们可以相互支持，相互包容，相互鼓励，也不会有矛盾。但是一旦当爱情过了欣赏期，打败了共同的敌人，回归到他们共同的生活中的时候，矛盾也就开始了。因为每个人都有自己的生活习惯，也有自己的个性，有自己的缺点，而当两个人开始频繁的接触以及生活在一起的时候，这些不同就会开始相互碰撞，开始衍生出矛盾，也让爱情变得危机重重。

在我们的生活中，当爱情走进现实的生活，当爱情遭遇生活中的琐碎的时候，似乎总有那么一些人就在一直抱怨，抱怨自己的生活，抱怨自己的爱情，抱怨自己的爱人。他们要么抱怨上天的不公，两个人总是没有好的生活；要么就抱怨自己的爱情没有别人的甜美，总是琐琐碎碎；要么就抱怨自己的另一半没有别人的好：女的抱怨男的没本事，赚不到钱，给不了自己丰厚的物质生活；男的也抱怨女的不顾家，不温柔，不贤惠；女的抱怨男的脚臭，袜子臭，男的抱怨女的总是太唠叨，吵得自己连觉也睡不好……就这样，他们原本应该美好幸福的爱情，就这样被一声声的抱怨充斥着，也被一次次的矛盾撕裂着，到最后要么弄得原本两个相爱的人形同陌路，要么直接放弃爱情，对彼此放手。

　　人们常常希望自己的爱人各个方面都完美无缺，希望自己的爱情总是完美无瑕，但是我们应该知道，在这个世界上并没有什么是十全十美的，事情如此，人也如此，我们又何必那么去强求，那么去苛刻对方？每一段爱情，不管是惊天动地，还是浪漫唯美，最终都要回到现实里面去，也最终都要面对生活中的琐琐碎碎，而生活本来就是那些琐碎的东西的组合，也是所有的矛盾的集散地，爆发地。所以，想要经营一份好的爱情，想要守住自己爱着的那个人，我们就要懂得在琐碎的生活中包容彼此，理解彼此，而不是一味的抱怨与发泄心中的不满，从而让抱怨最终成为彼此爱情的刽子手。

　　电视剧《亮剑》中有这样的一段台词："我爱这个人，我愿意为他做任何事情。我可以不计较他身上的一些小毛病，我不反对他抽烟，不嫌他抠脚，我不想改变他，跟我在一起，他会感到轻松，感到愉快。"可能这就是对琐碎生活中的爱情的最美的诠释，也是让人感觉最贴心最舒适的一种爱情。真正的爱情，不是占有和要求，也不是批评与攀比，更不是抱怨与不满；爱情是包容，是隐忍，是理解，是在对方的眼中看到的满足。爱人把臭袜子脱在一边，如果我们能够温柔地感受到他一天的累以及辛苦，他为了共同的生活所付出的努力与艰辛，就请我们就收起自己的抱怨，即使没有丰富的物质生活，也去体谅他的累，心疼他的不易，并心甘情愿的去给他洗臭袜子，为他打理一个干净幸福的家，有了两个人共同维护着的爱，即使生活再琐碎，日子过得再苦，也有幸福的味道。

　　所以，去珍惜爱情，理解爱情，包容爱情，不要用抱怨与不满去对待自己的爱人，也不要让抱怨和不满扼杀那存在于自己生命中的爱情，人生要懂得知足，知足了才会有幸福。

心灵花园

不管爱情是什么样子，也不管自己的爱人有多少的缺点与不足，都不要去抱怨，也不要去不满。因为爱不是喋喋不休的抱怨，爱是体谅，是包容，是理解，是共同的维护与真心相守。

9. 情侣之间要懂得沟通

在爱情的世界里，如果知道彼此相爱，如果想要去相守到老，如果懂得去正确沟通，如果知道互相去理解，如果能够做到彼此包容，情侣之间就不会存在问题，在爱情这场戏中也就没有那么多的中途散场。

很多人都说，相爱容易相处难。的确如此，可能有时候我们爱上一个人只需要几分钟甚至几秒钟的时间，但是跟一个人的相处，有时候即使是耗去我们一生的时间，也不见得能够相处得好。所以，有的人说，爱情很简单；当然也有人说，爱情很难。

事实上，在很多时候爱情并没有我们想象中的那么简单，也没有我们想象中的那么难。真正的爱情究竟是什么样的呢？其实，爱情在本质上只是两个人，然后他们的心往一处想，没有别的任何的条件，所以只要他们两个人一颗心，他们能够相互扶持，相互理解，能够风雨与共，那么，他们之间就不存在问题。只是在现实的生活中，这两个人的周围多了一些东西，也多了一些条件，爱情就慢慢变得沉重起来，慢慢变得复杂起来，就有了那么多的磕绊与纠缠，所以，爱情也就存在了一些问题。

在爱情的世界里面，怎么样才能让情侣之间不存在问题呢？这就需要让他们的爱情回到原点，回到两个人一颗心的那种状态，那么他们之间就不会有问题。因为只要回到了原点，那么他们就远离了那些沉重，远离了那些事情的牵绊，远离了任何事情的纠缠，在他们的世界里就只要两个人，一颗心那么简单。但是我们可能会说，除非他们避开这个社会，脱离现实的生活，可是他们毕竟是社会的人，这怎么可能做到？是啊，他们做不到，每一个人都做不到，只要是我们生活在这个社会中，有些东西我们就不能避免。难道就真的没有任何办法了吗？

不，还有一个办法，那就是如果他们真的彼此相爱，并且打算相守到老，他们就要懂得去沟通，懂得去理解彼此，关爱彼此，包容彼此，那么，他们的爱情之路也会通畅，并且他们之间也就不会存在问题。

有一位姑娘，住在一座漂亮的房子里面。可是她的这座房子有点奇怪，就是她的房门上有一个门耳，需要把嘴巴贴在门耳上说出自己设置的一句话，那道门才能打开。这个姑娘很年轻长得也很貌美，但若说她长得漂亮，那也是从她开始恋爱之后，是爱情使她更加艳丽了。

可是，有一天晚上她的情绪却非常沉闷，是因为她与自己的男朋友吵架了，只因为一件不值一提的小事，原因是在茶馆的约会，她使自己的男朋友等得太久了。

"让我等了这么长的时间，你不觉得惭愧？"她的男朋友说道。"别那么生气好吗？我只是打扮了一下才来赴约的。"她小声地说道，有点委屈。"我好不容易才把工作放下出来的。并且约会的事，你不是早就知道吗？"她男朋友依旧气愤地说道。在这以前，他们两个谁的心情不好，对方说些安慰的话，也就好了，可是这次，却争论不休。

"我要回去了。"她边说边站起来要走。他想用手拉她，但未能搭在她的肩上却把耳环给碰掉了。"那就回去吧！"

一切就是这样开始的。

她在回家的路上感到有些后悔，认为从此再也不能见面了。她想：如果自己早点认个错，就不会这样了。可是自己为什么不能呢？其实，明知道现在认错也来得及，可就是办不到。

她迈着沉重的步伐来到自己的门前。如果不把嘴靠到门耳上说："今天实在过得快活！"门是不会开的。可是这句话，真难以出口。而不说，又进不去屋，她只好无可奈何地像背诵什么似的压低了声调轻轻地说了出来。门缓缓地开了，她从里面关上门，就想把这句话换掉。于是她把那句话换成了："我错了，请原谅。"

第二天清晨，男孩子站在她的门前，犹犹豫豫，进也不是，不进也不是。他不想当面认错，但是待在家里却很苦恼，很想见到她，所以只好借送耳环之名来访问，以便取得她的谅解。他想按门铃，手却抬不起来。总之无论如何还是不肯先认错，于是最后决定把耳环挂在门上就回去，便从衣袋里取出来挂在门上了。

他不由得想起过去那些快活的日子，想起两人并肩坐在公园长凳上的情景。所以，他对自己昨天的任性，感到很伤心，于是在挂完耳环之后，他下意识地把嘴靠在门耳说了："我错了，请原谅"。

令他惊奇的是，门竟然慢慢地开了，在屋里茫然的她看见他，像被弹簧弹起来似的扑过去哭了。

可能就像故事中的这对情侣一样，我们会在相处的过程中闹别扭，出现问题，如果我们能够以一种正确的方式去沟通，并且能够理解彼此，包容彼此，那么即使是再大的问题也可以解决，再大的错误也能原谅。在爱情中有了理解，有了沟通，有了包容，我们还是两个人一颗心，我们之间就不会存在问题。

心灵花园

让我们用彼此的沟通扫清那些缠绕在我们身边的障碍，让我们用彼此的理解与包容卸掉那些附加在我们身上的重量，让我们的爱回到最原始的状态，让我们的爱情只剩下两个人一颗心的负重，那么，我们之间就不会再有问题。

10. 一水之隔，可以让爱情更美

有人说，距离能够产生美，当然爱情的美有时候也需要距离来营造。在爱情中有了适当的距离，那么就会有一定的张力，那么就能营造出一些朦胧之色，也就会更添美感，从而让两个相爱的心拴得更紧。

俗话说："故土不离不亲，人不离不近。"很多时候，人与人之间有了距离才会产生渴望与思念，有了分离才会懂得彼此来之不易的相聚。爱情也一样，有时候有了距离，有了分别才会体会到那由于距离营造出来的朦胧之美，才会明白由于分别而带来的那来之不易的相聚以及无边的相思。爱情有时候就像是欣赏一幅油画，虽然要有距离，可是也要适当，不适合太近，也不适合太远。太近了，就会看到一些可能出现的瑕疵，也可能会因为距离的太近而遗失掉整体之美，从而心生厌倦；隔得太远，可能会因为视力的不佳看得模糊不清，也就毫无美感可言，从而彻底失去兴趣。所以，在爱情中，就像是欣赏一幅油画一样，要掌握恰当的距离。那么什么样的距离才是最好的呢？那就是一水之隔的距离，不是很远，当然也不是很近，伸手就能够触及，但也不是紧密相贴，没有缝隙。这就是爱情最恰当的距离，有彼此呼吸的空间，也可以相互取暖。但是掌握这个距离，又谈何容易？

在我们的生活中，只要我们留心，就不难发现总有这样的一些人一些事在我们的生活中不断地上演着悲欢离合的戏码，也不断地敲击着我们的心灵，只是因为他们没有准确的掌握爱情的距离。

有一个男孩和女孩，他们很相爱。男孩对女孩说，他非常爱她。当然男孩确实很爱女孩。他常常无微不至地关心她、体贴她，有时候女孩的一个眼神一个表情就能让他心醉，并且男孩每天都要打电话，要知道她的消息，如果她没有及时回复，男孩一天都会六神无主。

男孩不喜欢女孩与其他异性朋友交往，男孩不喜欢女孩抛头露面，男孩固执地以为，自己爱的人就是世间最好的，是别人都要来抢的。

其实，女孩也只是个平凡的女子而已，甚至很多人奇怪，男孩为何要喜欢女孩。

女孩对男孩说："你太黏我了，你给我一点自由和空间。"男孩却说："我只是爱你，你要考虑到我的感受。"他们的争吵就这样开始。渐渐地他们也开始疏离，男孩也觉得两人之间有了裂痕。

女孩说："我们就像刺猬一样，太近了就会伤害到对方。"

男孩说："如果是爱，就不要距离，要坦诚和没有间隙。"

男孩关注女孩的QQ，男孩每天接送女孩上下班，男孩关注女孩的信箱，男孩在意女孩和其他男生的每一个细节。男孩细致入微的包办了女孩每一个生活细节，男孩甚至列出了每个空余时间的计划表。那上面限定了男孩和女孩的全部私人空间和休闲时间。

"难道，爱不是就应该彼此面对，时常在一起吗？"男孩还是坚持着。

终于，女孩和男孩分手了，所有的人都感到很诧异，因为男孩是那么的优秀，对女孩又是那么的体贴和关爱，爱的又是那么忠诚和热烈，所有的人都想不通。

分手后，男孩就坐火车离开了他热爱的家乡，外出打工了，他们的爱情也就这样收了场。

故事中的男孩就算是与女孩相爱，就算是爱得热烈而又真诚，但是男孩却没有把握住两人之间的距离，最后以分手收场，这是怎样的一种悲哀？不是因为不爱，只是因为那些爱太过沉重，太过压抑，所以最后不得不选择分开。

有两只刺猬，由于天气非常的冷，他们都想以身体靠近取暖，但一方的刺扎到另一方的身体时，大家都感到疼痛难忍，只好分开，如此反复多次，终于找出不会刺到对方，又能取暖的恰当距离。

其实，人与人之间的爱情也是如此，需要我们去尝试着寻找那个最适合的距离，只要找到了那个距离，我们就能在这个冰冷的冬天相互取暖，并且不伤害到彼此。要知道，每个人都需要有一个小小的空间，需要有一个自由思考、自由呼吸的地方。那个空间，并不一定说是物理空间，而更多的则是心灵空间。一对恋人，即使再亲密，也应该给对方一个心灵自由的活动地，可以让彼此有一点点的隐私，一点点的小秘密，只要这些小隐私小秘密无伤感情，就都可以容忍。当然，心灵的这个距离也不可以无限的扩大，因为爱人之间，本来就是一种很亲密的关系，如果两颗心的距离太远，远到自己的爱人痛苦的时候都牵不到对方的手，这份爱情就可能会因为距离的相隔而丢失。

所以，想要更美的爱情，那么就给它一个适当的距离。一定要知道，这个距离不能太远，伸手就应该可以触及彼此；这段距离也不能太近，最起码要让彼此能够自由呼吸，这个距离，就是一水之隔，不近不远，恰到好处。

心灵花园

想要甜美的爱情，那就记得，给它加个恰到好处的距离，不要太近也不要太远，一水之隔就可以。伸手可以触及，但也可以自由呼吸，这就是最恰当的爱情距离。

第二章

悉心栽培，婚姻可以让爱情更绚烂

有人说婚姻是爱情的坟墓，再美好的爱情也能被婚姻埋葬；也有的人说婚姻是爱情的天堂，只有进入婚姻殿堂的爱情才能保持长久，时刻散发芬芳。但婚姻对于爱情究竟是什么，关键要看我们如何去把握。

婚姻对于爱情来说，多了一些平淡，少了一些轰轰烈烈；多了一些琐碎，少了一些刻意制造的浪漫。但并不是说平淡就不是幸福，琐碎就没有悸动，在婚姻中只要去悉心栽培，爱情就同样会很绚烂，感情也会更为长久。

1. 解锁婚姻，婚后的爱情依旧存在

有人说，爱情会在婚姻开始的时候走向零点。既然是走向了零点，我们为什么不让婚姻成为爱情复零后新的开始呢？婚后的生活，只要我们懂得去解锁婚姻，那么爱情就会依旧存在，并且还会更加绚烂。

有人说，婚姻是爱情的坟墓，也有人说，在婚姻的世界里，再美好的爱情也会被埋葬。婚姻真的是这样吗？不，婚姻不应该是爱情的坟墓，而应该是美好生活的开始；婚姻也不应该是美好爱情的埋葬，而应该是让爱情更好生长的土壤。只要我们还记得当初的诺言，只要我们还记得身边这个人是自己爱着的人，想要相携一生的那个人，只要我们还

记得去彼此理解和支持，爱情就不会因为婚姻而消逝，反而会因为婚姻而大放光彩。

毛毛和李辉成了家，毛毛是个口味清淡的姑娘，但是李辉却是个无辣不欢的人。

毛毛常去父母家蹭饭吃。一天，毛毛的父亲做的菜咸了些，母亲一声不响拿来水杯，夹了一筷子菜，将菜在清水里涮一下后再入口。忽然，毛毛从母亲细微的动作里领悟到了什么。

第二天，毛毛在家做了丈夫爱吃的菜。当然，每一个菜里都放辣椒。只是，她的面前多了一杯清水。李辉看着她津津有味地吃着清水里涮过的菜，眼睛里有轻微的湿润。

之后，丈夫也争着做菜。但是菜里面已经找不到辣椒了。只是他的面前多了一碟辣酱。菜在辣酱里蘸一下。每一口，他都吃得心满意足。

在他们的婚姻生活中，虽然平淡，但是为了彼此的爱，也为了他们不同的习惯，他们一个人坚守着自己的一碟辣酱，一个人坚守着自己的一杯清水。从而理解着对方，包容着对方，在生活的小细节里面飘荡出浓浓的爱意。他们懂得在婚姻的生活里，用包容与理解，用彼此的爱坚守着一份细水长流、相濡以沫的感情。

娟子和乔牵手走过了近50多个春秋，但是他们就像是昨日刚结婚的一对新人，充满了柔情蜜意。他俩从高中起就在一块儿了，厮守了这么漫长的岁月，爱情似乎历久弥新。要命的是，他俩表达爱意的方式一点儿也不含蓄，有时令一些晚辈都有些难为情。

看电视时，娟子给乔按摩脚。坐车一道外出，她就大声读书给他听。每天晚上她都会将枕头弄松软，好让他睡得踏实。从未坐过船的娟子有一次竟然出海了，因为乔热爱大海。

冬天，每当娟子要外出，乔总是先去车库将车启动。每到星期天早晨，乔就会早早地起床，为娟子奉上自制的饼干。他不会错过任何一个机会，告诉娟子"你今天非常漂亮"。遗憾的是，乔至今还没学会给自己的妻子买一份不俗的圣诞礼物。

他通常在圣诞节前一天的晚上溜出家门，一个人到附近的大超市转悠。个把小时后，他就会神秘兮兮地回到家，拎着那些沙沙作响的塑料袋子，随后独自与那些五颜六色的包装纸、盒子、带子一直周旋到深夜。可年复一年，藏在圣诞树下给妻子的礼物总是那不变的两样：一盒包装精美的巧克力和一大瓶香水。

娟子打开礼物盒的时候，总是做出惊喜的样子，然后特意穿过整个房间，在乔脸颊上深深地一吻。

有一年感恩节刚过，乔忽然向大家暗示：他要为娟子买一份不同寻常的礼物。

12月25日的早晨，娟子在圣诞树下翻寻到一个大纸盒，上面是乔潦草的字迹："送给我的爱妻。"娟子小心翼翼地用指甲在纸盒边缘挑了挑，她不想把精美的包装纸弄破了。乔在一旁有些不耐烦，"快点呀！快点呀！"他几乎要从椅子上跳起来了。

终于，娟子揭开了盒子外面的包装纸，她把纸折成了原来的1/4大小，放在一边，然后开始解盒子上的丝带。

乔再也按捺不住了。他从坐椅上跳起来，冲上去不管三七二十一就把丝带给扯断了，还差点儿把盒盖撕破。随后他停住不动，想了想，又将盒子交还给娟子，坐回了原来的座位，口里还不停地念叨："别磨磨蹭蹭的，快点呀！"

娟子掀开盒盖，轻轻揭去一层绵纸，然后从衣盒内抖出一团粉红色的衣物。这是件棉制浴衣，领口边和衣兜上方绣着白色的雏菊。娟子嘴角含着笑，不住地低声细语："啊，乔，亲爱的……"

他们的爱情，根本就没有因为生活的平淡与琐碎而有所掉色，也没有因为缺乏年轻时的那种激情而变得苍白，反而是像一杯陈年的老酒一样，随着岁月的推移，越来越醇，越来越香。谁说婚姻是爱情的坟墓？又是谁说婚姻会把美好的爱情埋葬？其实，不管是在婚前还是婚后，埋葬爱情的根本不是婚姻，而是两颗渐渐走远的心，如果两个人的心一直在一起，那么，不管环境怎么变化，爱情也不会消失，更不会老去。

每天早晨不要忘了给自己的爱人一个温馨的吻；每次过节，也不要忘记给自己的爱人一份精心准备的礼物；不管工作多忙，也不要忘了偶尔带着自己的爱人去兜一次风，亲近一下大自然……婚姻在于我们用心的经营，只要我们去用心，婚后的爱情就依旧存在，并且也会更加绚烂。

心灵花园

婚后的爱情不会消失，只要我们用心用爱去经营自己的婚姻，用一颗包容与理解的心去对待彼此，不要忘记给对方温暖与感动，不管岁月怎么流逝，两颗心的距离都不会离得太远。

2. 用爱经营的家才会温暖

好的事业需要经营，当然美好的婚姻也需要去经营。把自己的婚姻经营好并不是一件容易的事情，只要我们去注意，就会看到很多美满幸福的家庭，他们用自己的幸福与快乐诠释着婚姻的意义。

有时候，经营好一段婚姻并不是一件简单的事情，拥有一个温暖的家庭也不是一件容易的事情。好的婚姻需要我们用心与智慧去经营，温暖的家也需要我们用心去呵护与维持。在婚姻生活中，只要我们懂得去经营，懂得去维护，一个温暖而幸福的家就不会是奢望与幻想。那么，我们究竟要怎么样去经营一个温暖的家呢？

女人刚把菜放进锅里，男人的电话就打了进来："媳妇，睡没？""没，正要热菜呢。""不热了，咱出去吃。""都半夜了呀。""穿好外衣下楼吧，我等你。"男人语气执拗中又充满期待，女人不忍拒绝了。

楼道寂静，女人刚下半层，就听到男人有意的轻咳。女人小声问："怎么上来啦？""怕你害怕。"说话间男人已到近前，俩人牵手而下。

出楼门，红色出租车正停在门口。坐进车里，女人蹙起眉头："怎么又没锁车啊？"男人拍着脑袋说："嘿，光想着你害怕，急着接你了。媳妇，可别生气啊，平时我连出去抽支烟都会把车锁好的。"女人"扑哧"乐了："别贫嘴，这大半夜的去吃什么饭呀？孩子快上小学了，要多攒些钱，妈身体不好，也要存些钱，还有……""不怕，咱就吃碗面。""对了，不说让你先睡，我自己热菜就行吗？"男人边说边把暖风拨向女人的方向。"你？你只会图省事吃冷的。你天天这么辛苦，不说吃得多好，总要吃得热乎乎的呀。"

七拐八转，车子在小巷里的一家面馆附近停下。一坐下，男人就豪爽地点起来："老板，来两大碗牛肉面，一盘牛腱子，一盘菜花，一听啤酒，一瓶可乐。"女人有点急："不是说开车不喝酒吗？怎么点那么贵的菜？"男人也不解释，只呵呵笑着用餐巾纸把女人面前的杯子细致擦好。

牛肉面送来了，热腾腾的，香味扑鼻。"好香！"女人轻赞。"嗯，这是秘制老汤煮的，我找了好久才找到这家。"男人答。女人把面送入口中，刚嚼两下就不住点头："好地道，有我家乡牛肉面的味儿。"男人仿佛一直等着这话，女人一说完，男人就放松地靠到椅背上，从胸腔里畅快地吐出一口气。"你也吃呀，傻看着我干嘛。"女人催着。"好，好，一起吃。"男人应着，却并不动筷，而是掏出手机看。

女人正要询问，男人却忽然满脸激动地站起来，大声说："在座的哥们，现在是 24 号的午夜 11：59 分，再过一分钟就是 25 号。25 号是个好日子——是我媳妇的生日，我就是个的哥，家里上有老下有小，不

卷四：呵护爱情——细节中传递彼此的爱

敢搞大了，就想着带我媳妇吃一碗有她家乡味的长寿面，第一时间里……"说到这，男人凝视着女人，深情地说："媳妇，第一时间里祝你生日快乐！"言罢，男人一仰脖，喝干了杯中的可乐。

车里，男人轻声问："媳妇，高兴吗？""嗯。"女人轻声应。男人边开车边美滋滋地哼着《生日快乐》。女人嘴角轻扬，笑靥在腮边漾起一圈圈美丽的涟漪，素日生活中的沉重与疲累全清空了。此刻，女人感觉自己是那么轻盈，快乐，幸福。

虽然平淡，虽然过得辛苦，但是他们用自己的心，用自己的情经营着自己的那个家，让那个小家充满着温暖。一个温暖的家，有时候并不需要用金钱来堆积，但是一个幸福的家庭一定要用"爱"来支撑，要用夫妻之间彼此的包容与理解，相互的疼爱与关心来维系。

在婚姻的殿堂中，支撑家庭温暖的这个爱，可以不是在热恋时的那种轰轰烈烈，但一定要有关心，包容以及疼爱。这些爱，有时候很简单，就像是故事中的那位的哥跟他媳妇的那种关爱，以及为了爱人的那个"廉价"但是充满着深情的生日；这些爱，也可以是一个简单的拥抱，一句贴心的问候，或者是一个关爱的眼神，以及一条简短的短信；这些爱，也可以是在遭遇挫折时的一个肯定，一个支持的微笑，或者是一个让人舒心的吻……这些爱可能很简单，也可能很"廉价"，但是它却能让身边的那个人有温暖的感觉，也能感受到幸福的味道。所以，用彼此的"爱"去经营那个家吧，有了爱，那个家才会充满温暖，才会更加惬意。

心灵花园

家是能够让人的心灵休憩的温暖的港湾，也是可以为我们的人生遮风避雨的一个温暖的归宿。让我们用一句贴心的话语，一个关爱的眼神，以及一些简单的动作，去表达自己的爱意，去经营自己的家，从而让那个家充满温暖。

3. 别让一些习惯性的话语毁掉婚姻

在婚姻生活里面，夫妻双方之间有时候吵架，发生战争是难免的，但是很多时候一场战争的扩大化以及平息都跟夫妻双方讲的话有关。所以，在婚姻的生活中，要注意自己的言辞，不要让一些习惯性的话语毁掉自己的婚姻。

有人说，婚姻就像是一座围城，外面的人想进来，进来的人想出去。但是进了围城，不经营，不巩固，那么这个围城就会年久失修，有时候会不攻自破。所以，既然进了这个围城，就要想着去经营，去将自己的围城巩固好，就算是再大的风雨也不会让围城倒塌，我们的身体、我们的心灵也就有了一个安放之处。

可能在我们的婚姻生活中，有的人认为夫妻之间不需要小心翼翼地生活，有什么话有什么事都应该说出来，可是我们不知道，就算是感情再好的夫妻，如果一直说错话、做错事，也会有一些小裂痕，而如果这些小裂痕越来越多，我们不注意去修补，总有一天这些小裂痕就会难以修补，从而让那座"围城"倒塌。所以，夫妻双方在日常的生活中也要注意自己的言行，不要让那些习惯性的话语毁掉自己的婚姻。在我们的夫妻生活中，有这么一些话语就不应该去说：

1. 不要说："我就知道你会那样说"

并不是说这句话本身有问题，而是这句话在听者心中的含沙射影的语气。这句话说出来就似乎是对自己爱人的一种挖苦，也可能让对方觉得自己在骂他。有人认为：轻蔑会加快婚姻的崩溃。离婚最明显的征兆之一往往是不论自己的丈夫说什么，我们都不屑一顾，所以，在婚姻生活中我们不能说出像"我就知道你会那样说"这样的话，而让自己的爱人感觉到轻蔑。我们可以换一句话来表达自己的意思，我们可以说："你以前也这样说过，所以它一定还在困扰着你。"这样可能会让听着的人舒服一些，对我们说的话不再那么抗拒。

2. 不要说："你真是让我快疯了"

这句话说出来可能会让对方感觉到自己做得很不好，以致让自己的爱人有那样的感受，他的心里可能会受伤，也可能会感觉很无助。在这个时候，我们应该去向自己的爱人解释自己生气的原因，而不是什么理由也不讲，只在那里生气，让他无措。如果我们想表达对于自己的爱人的言行很生气的时候，不妨这样说："你那样做，我真的很难受"，这样既强调了自己的情绪，又可以让自己的爱人知道是哪里出了问题，然后进行补救，也不会让他产生无处下手以及无法弥补的错觉。

3. 不要说："你真是没用"

其实，每个人都想要被别人认可，特别是夫妻之间，他们因为爱慕而结合，所以很在乎对方对自己的想法。如果在我们的婚姻生活中，有一方总是对着另一方说"你真没用，连这个也做不好"，"你真没用，让我们的日子过得这么差"……这样贬损的话，会让自己的爱人心里产生挫败感，并且变得自卑，有时候也会产生一种破罐子破摔的心理：既然你觉得我那么没用，我就没用给你看看。其实，我们在想表达自己的意见的时候，可以将这句话换个方式去说："加油，你可以的，再努力试试。"这样的话，让对方听着不仅感觉到自己爱人的鼓励，也能感觉到他对自己的支持，从而产生一种力量，让他继续上进。

4. 不要说："以后记得听我的"

这类的话，有时候会让自己的爱人产生一种反抗的心理。夫妻之间有了争执，很多时候都需要双方的讨论，而不是让一个人下结论。就像如果对自己的爱人说："记得，以后听我的"，这样会让他们有一种臣服的感觉，可是在婚姻的世界里是没有尊卑之分的，这句话无疑是给自己的爱人一种被小看的感觉。所以，在我们看到自己的爱人的想法出了错误的时候，我们可以这样说："下次我们一起商量着，看这个事怎么做最好，好吗？"用这样一种询问的语气去问对方，对方会感觉到我们对他的尊重，也可以去自觉地检讨自己。

5. 不要说："我们离婚吧"

在婚姻的生活中最忌讳说出的就是这句话，跟在谈恋爱的时候的"我们分手吧"是一样的道理。既然已经迈入了婚姻的殿堂，就要学会为彼此负责，不要轻易的说出这些不负责任的话语，从而让自己的爱人伤心。不管发生了什么，都可以坐下来慢慢谈，也可以好好地去沟通，千万不要在一激动之下就说出这句话。这句话是婚姻生活中的大忌，要维护好一段婚姻我们要始终记得。

在我们的婚姻生活中，还有很多的话都不是我们应该去说的，如果我们想去表达某种意见，那么我们可以换一种表达的方式，去改变那些话中的小小的字眼，去让自己的话不要带着火气和抱怨，不要让我们一些习惯性的话语毁掉自己的婚姻。

心灵花园

在婚姻的殿堂中，讲话也要讲求一些艺术，不要随便说一些伤害对方的话，也不要在生气的时候去说一些话故意刺激自己的爱人。我们要知道，婚姻有时候很脆弱，有时候一句习惯性的话语也可能毁掉一段原本幸福的生活。

卷四：呵护爱情——细节中传递彼此的爱

4. 婚姻中需要彼此的原谅

婚姻有时候就像是一道几何证明题，只要是得出了最后的结果，那么就没有什么绝对正确以及错误的方法。在我们的婚姻生活里，其实很多时候都没有绝对的对错，有的只是能不能理解跟原谅对方。

有人说，婚姻就是大大小小的事情的堆积，在这些事情里我们总是太容易纠结，我们也总是太喜欢在里面寻找对错。要知道，在婚姻里很多时候都没有绝对的对错，只有能不能相互理解，能不能相互原谅，能不能找到原谅彼此的理由。

白伊雪和蔡小飞是亲友眼里婚姻幸福的楷模，这么多年来，他们始终不离不弃，相依相偎。晨光里，夕阳下，他们总是携手私语，脸上是走过岁月的平静和从容。

当初，小飞和伊雪结婚的时候，很多人都不看好他们的婚姻。因为伊雪是个心思细腻、敏感，对生活要求很高的人，而小飞却是个粗枝大叶，感情粗线条，有着很多缺点的人。伊雪出生于书香世家，小飞来自农民家庭，两个人无论是生活习惯，还是情趣爱好都有天壤之别。但正是这种差别强烈地吸引着两个人，让他们冲破了层层阻力结合在一起。

新婚之夜，他一脸诚恳地对新娘讲："我这个人有很多毛病，也缺乏自省能力，有时候自己做错了事也不知道，你比我有文化，也比我懂道理，所以请你要多多包涵我。"

她点点头，说："这点我早就想过了。人的一生，有许多事情做错了是可以改正的，有些事错了就永远不可以回头了。所以，我列出10个我能够原谅你错误的条款，你犯了这10条错误中的任何一项时，我都会选择原谅你。"

婚后，他们的生活果然出现了许多的磕磕绊绊。他好胜，经不住别人三言两语一激，就把一个月的工资押在了牌桌上，结果身无分文地回家面对嗷嗷待哺的女儿。他问她："我犯的是可以原谅的错误吗？"她含着泪点头。

他好酒，有一次喝醉后摔坏了家里不少的东西，她来拦阻，他劈手给了她两巴掌，还把她推到墙角，脸上擦伤了一大块。他酒醒后，看到她脸上的伤痕，问她："我犯的是可以原谅的错误吗？"她含着泪点头。

他多疑，她因为工作的关系，和一位男同事接触很多。他无端地怀疑她会做出对不起自己的事来，于是想方设法地干扰她的工作。更有甚者，有一次，她和男同事在办公室里加班，他突然带着人闯了进来。那一次，她非常生气，这种人格上的羞辱让她又伤心又失望。他知道自己这一次错得有些离谱，他用眼神请求她的原谅。最后，她终于点了点头。

一晃，已经是他和她的金婚纪念日了。他问出了心中长久的疑问："当初你允诺可以原谅我的10个错误是什么呢？"

她微微一笑："老实说吧，50年来，我始终没有把这10个错误具体地列出来，每当你做错了事，让我伤心难过时，我马上提醒自己，还好，他犯的是我可以原谅的10个错误之一。"

其实，他们的婚姻不是没有磕磕绊绊，也不是没有风风雨雨，只是他们给了自己的婚姻一个承诺，他们给了彼此的错误一个可以被原谅的理由，所以他们的婚姻生活一直幸福，他们的"围城"并没有因为磕磕绊绊而坍塌。其实，很多时候，在婚姻中，并没有绝对的对错，只有能不能原谅，有没有原谅的理由。

在我们的婚姻中，几十年的岁月，夫妻双方不可能不会出现矛盾和吵闹。可能妻子会因为自己的丈夫有时候的彻夜不归而心生怨恨，也可能丈夫会因为妻子整天的打牌而发脾气；可能妻子会因为丈夫的喝酒宿醉而生气，也可能丈夫会因为妻子没有照顾好自己的孩子而抱怨。但是不管每次的吵闹，每次的矛盾，关键在于谁，如果我们能够用一颗包容与体谅的心去理解对方，去原谅对方，那么，不管是什么样的事情，都能够解决，不管是多么大的矛盾，都能够化解，我们的婚姻也就不会出现太大的危机。

其实，婚姻就像两颗心的结合，是互相的接纳与理解。不管以前生活习惯多么的不同，不管彼此处理事情以及看待问题的观点多么的不同，只要我们可以接纳对方，理解对方的习惯，可以体谅对方的行为，可以接受彼此处理事情的方式，我们的婚姻中就没有了那么多的对与错，也就没有了那么多的争吵与矛盾，我们的婚姻就能够在彼此的包容与理解，彼此的支持与关爱中走得更为长久，生活也会过得更加的幸福。

婚姻，是两个人相互经营的成果，也是两颗心的结合。所以，不管在我们的婚姻生活中出现了怎么样的事情，发生了怎样的错误，只要我们有一颗包容与谅解对方的心，就没有什么错误不能被原谅，也就没有什么矛盾不能化解。

心灵花园

婚姻中，其实并没有绝对的"对错"，只有能不能被原谅、能不能被包容。如果夫妻双方懂得去理解对方，包容对方，谅解对方，那么，不管发生什么事都可以解决，不管怎么样的矛盾都可以被化解，而婚姻也能够长久幸福。

5. 婚姻中需要互相的理解

人生在世，总有一些风风雨雨，也总有一些挫折与困难。步入了婚姻，也就意味着我们不再是孤单一个人，在以后的人生中，不管发生什么，都不要忘了给自己的爱人支持与鼓励，让他（她）感受到你的关心和爱，给他（她）冲破难关的勇气。

婚姻，并不是一个男人娶了一个女人这么简单，也不是一间屋子里面多了一个人的那种单纯的温暖，而是彼此之间多了一份关心，生活中多了一丝温馨和浪漫的那种牵连，是走到哪里都会有一点挂念的那种微妙的感觉。有了婚姻，有了爱人，不管是在做什么事情都会有种被支持的感觉，当然，我们就有了更多的勇气与信心。

婚后的日子，我们过得可能不是很好，我们的手头也不是很宽裕，但是我们有两颗相互扶持的心，那么不管是遇到什么，我们也能坚强勇敢地走下去，心心相印、不离不弃，这就是爱，相濡以沫的爱情。

那天，他回家的时候，她正在翻箱倒柜，衣服都被摊开到床上，书报翻得到处都是。她的额头上冒着汗珠，也没像往常一样见他回来急忙端上沏好的茶水，然后风风火火去做饭。她只说了一句"回来啦"，便低着头继续乱翻。

"你在找什么？急成这样，看屋子乱的，又够你收拾半天了。"他一边脱外套一边问。

她终于抬起头，眼神怯怯的，竟然有些羞涩。看了他半天，她似乎是终于下定了决心，咬着唇，轻轻说："我真是越来越糊涂了，忘性大得……我今天洗完衣服，忽然发现……发现手上的戒指不见了……你，你别生气，我肯定是落在衣服里了，等我慢慢找。"

戒指不见了？他心里"咯噔"一下，怎么会呢，虽然她的记性不是很好，可是，她是个非常谨慎的人，怎么会把天天戴在手上的戒指弄丢呢？于是，他一起帮着找。后来看她越来越着急，他就调侃说："旧的不去，新的不来，一个戒指，丢就丢了吧。看你急的样子，没出息。快去做饭吧，我都饿死了。"

她答应一声，将衣服简单地塞进柜子里，便进了厨房。

他关上卧室的门，继续一点点地搜寻。虽然只是个普通的金戒指，但对于他们俩来说却意义非凡。10年前，他们相爱，她家里不同意，她就跟家里决裂，放着家境优渥的富家公子不嫁，执意跟了他。他不知道怎么报答，就利用业余时间打零工。一年之后，结婚纪念日，他给她买了这枚黄金戒指。他许诺说等日后有钱了，一定给她买齐全套首饰，但是他们的生活一直拮据，他没有机会。

前年，他的单位垮了，他在一个电脑城找了个搬电脑的工作，非常累，收入很低，日子就更拮据了。

戒指到底也没有找到。那些日子，她低眉顺眼的，做什么都小心翼翼。他看在眼里，疼在心里。两个月后的一天，她下班回家，他已经在家里了，看到她回来，一路笑着出来迎。她问："怎么这么早回来？"他说："调了一个工种，往后不用搬东西受累了。"其实，他不仅调了工种，还涨了工资，他用工资买来了一枚戒指，但他没说。

她眼睛里充满了喜悦："真的啊，真的调了工种？那太好了，咱要庆祝一下，我去买肉。"

他拦住她："先别忙，我还有更高兴的事情要给你说呢。你看！"他说着，举起手，手里捏着一枚金灿灿的戒指。

"呀，你买的呀！"她惊喜地说。

"哪里是买的，是我找到的，居然掉在墙角。你看我还拿去金店洗了一下，比原来亮了许多，下次不要这么粗心了。"他笑得很开心。

她盯着他，眼睛里一点点潮湿，急忙转过头掩饰。

他根本就是说谎，因为她其实是将戒指卖了的。他每天搬货，腰和后背都疼，晚上翻来覆去睡不着，她心疼，又没有办法。想来想去，她狠心把戒指卖了。

一枚普通的戒指，但是在故事中我们看到了主人公之间深厚的感情，与在那些艰苦的岁月里的相互的理解与支持。为了让自己的丈夫不那么劳累，妻子瞒着丈夫卖掉了自己心爱的戒指，为了让丢了戒指的妻子不那么自责，丈夫买了一样的戒指骗她说是找回来的那枚戒指。这是怎样的一种爱情，即使生活再艰辛，他们也没有忘记当初的誓言，也没忘记彼此互相支持，走过风风雨雨。

其实，婚姻就是需要这样的支持，不管发生什么事情，不管遭遇什么样的经历，夫妻两个人能够同心协力，互相支持着对方，那么，再艰难的日子里也有幸福，再艰苦的岁月里也有温暖与笑语，总有一天他们的婚姻生活也会迎来光明。

心灵花园

夫妻之间有了支持，就算是再艰苦的日子，也能感受到温暖跟幸福，再艰难的难关也总有度过的一天，彼此守护的婚姻也总会迎来柳暗花明的一天。

6. 婚姻也需要不显眼处的装饰

时间久了，婚姻可能就会陷入沉闷与压抑，这时候就需要我们给自己的婚姻来点装饰，让它有一些新鲜的感觉。不管是一次新的蜜月，还是一个温情的夜晚，或者是一份神秘的礼物，都有可能给早已平淡的婚姻带来一丝的新意，从而化解彼此在婚姻中的疲劳。

婚姻，有时候就像是一个充满着诱惑与新奇的盒子一样，在还没有打开的时候总是充满着幻想与期待，但是当我们打开它并且赏玩一段时间以后，就再也没有了当初的新鲜与好奇，也就慢慢地丢弃了它。婚姻有时候也像是一道自己喜欢的菜，开始的时候总是吃的很欢喜，但是慢慢的日子久了，每餐都吃一样的菜，那么也总有腻味的那一天。

他和她，青梅竹马，两小无猜，感情特别好。但真正走入了婚姻的殿堂，当浪漫的心情冷却，将青春的岁月消磨殆尽后，他和她都感觉到生活中好像缺了点什么。

为此，他们找到了心理医生。心理医生听罢不语，倒了一杯白开水给他们，让他们品尝一下，夫妻俩感觉很淡。这时候，心理医生又往杯子里加了点糖，然后，再让夫妻俩品尝。他们一下明白了心理医生的用意。心理医生最后告诉他们：生活就像一杯白开水，你们所要的，就是给平凡的日子加点糖。

婚姻就是这样，不管婚前多么的相爱，但是总有一天甜蜜的爱情也有可能会被平淡的生活以及琐碎的日子冲淡，爱情也会慢慢地消逝。但这并不是说婚后的生活就一定会平淡无趣，没有半点的色彩。只要我们懂得给自己的婚后生活加一些调味品，给自己平凡的日子加点糖，给自己的婚姻加一些装饰，婚后的生活就依然可以有一些意外的惊喜，婚后的日子也可以充满浪漫的色彩，我们的婚姻也就会少了一份沉闷与压抑。

如何才能给我们婚后的生活加一点糖，给自己平凡的生活添一点色彩呢？

爱人生日，不要忘了精心准备一份诚挚的礼物，给他一声亲昵温暖的祝福；在我们外出归来，不要忘了给与对方一句关怀的问候，然后给他一杯暖暖的香茶，以慰藉他舟车的劳顿，给他洗去一身的征尘；作为丈夫，我们要懂得让自己的妻子感到温暖，也要让妻子的同事感到艳羡，我们要视她如生命，因为妻子是丈夫的天使。我们要懂得尊重她、关心她、体贴她、无微不至地爱护她；作为妻子，我们也要让自己丈夫的朋友羡慕他，我们要理解他、支持他、欣赏他、真心真意爱着他，给与他无微不至的关爱，让他时时刻刻感受到来自我们的关怀。

给平凡的日子加点糖，给琐碎的日子里添一些色彩，就是让他眼里有你，让你眼里有她；就是夫妻间相濡以沫，相敬如宾，在风雨中共同承担苦难，在快乐的日子里一起分享幸福。

有一次，李伟和几位朋友到江西，晚上住在宾馆，刚刚睡下，突然下起了雷雨。朋友披衣起床，自言自语："不知杭州下没下雨？"

李伟说："不会吧。"

朋友叹口气，说："我老婆特别怕雷，只要雷雨天，她肯定失眠。"

朋友的电话打通后，李伟听他在说："杭州有没有下雨？"接着，朋友说："那就早点睡。"

他合上手机，对李伟说："杭州没下雨。"

前前后后，通话时间不到一分钟。

比起恋爱时期的"电话粥"，几十秒的通话时间真是太短了，但是，这几十秒钟，隽永如新。

可能在恋爱的时候，我们每天都煲着"电话粥"，有讲不完的甜言蜜语，也有说不完的悄悄话。但是婚后，天天在一起了，我们可能觉得不需要去每天煲着"电话粥"，有时候就算是外出我们也忘记了去打个电话问候一声，因为没有了恋爱时的那种激情，所以觉得那一切都不必要。但是我们忘记了，婚后的生活也需要一些浪漫，婚后的日子也应该有一些装饰，这样我们的婚姻生活才会变得更加幸福，两个人的感情才会变得更加和谐与美好。

日子平淡了，感情变得生疏了，那么，我们可以暂时去放下自己的工作，给自己的婚姻一点时间，要么去度一个假，要么去重温一下蜜月旅行，或者来一个浪漫的烛光晚餐，让彼此的感情再次升温；我们也可以去找寻一个美好的天气，牵着手去看一次夕阳，去到公园散散步，亲近一下大自然，让彼此在恬静与淡然中感悟生活的真谛，从而化去婚姻生活中的那些压抑与沉闷，给自己的婚姻生活带去一些新鲜的空气。

其实，婚姻也需要装饰，感情也需要用一些色彩来渲染，只要我们能在婚后的生活中懂得去为自己慢慢变得平淡的日子里加一点糖，知道去为自己慢慢变得琐碎的生活加上一点装饰，涂上一点色彩，那么，婚后的日子照样激情四溢，照样充满着浪漫的色彩。

心灵花园

婚后的日子，可能会变得平淡如白开水，如果我们在那杯白开水里加一点糖，那么也就会有一些甜蜜的味道；婚后的日子，可能也会变得琐琐碎碎失去色彩，如果我们在上面涂上一些色彩，那么我们的婚姻也会变得色彩斑斓。

7. 猜疑是婚姻中的大忌

婚姻也有自己的一套规则，相应的，夫妻之间也存在一些忌讳。很多时候，婚姻稳固的基石是安全感，但是在婚姻生活中很多的夫妻却往往缺乏安全感，从而互相猜疑，最后让婚姻如履薄冰，甚至走向破灭。

婚姻不是两张单人床的简单的合并，而是两颗相互爱慕的心的庄重结合。两个人一旦结了婚，那么就意味着他们有了一个自己的共同的家，而这个家就是他们的巢，需要他们共同去维护，相互去经营。

平常的夫妻之间，少不了吵吵闹闹，也少不了磕磕碰碰，这些都没有什么，也不是什么大问题，只要两个人之间还有爱，还有相互的信任，那么他们的婚姻也就可以继续下去。可是夫妻之间一旦出现了信任危机，并且相互猜疑，那么可能往日比较宁静的家庭就会慢慢地失去和谐与幸福，陷入越猜越疑，越疑越猜这样的恶性循环。

周先生结婚八年了，当初与妻子是在一次外企联欢上认识的。一见钟情的两个人，在认识半年后就走入婚姻的殿堂。结婚后，周先生才发现妻子太保守，她看不惯他跳舞、唱歌，说人要是常跳舞就会跑到一块儿，影响不好。这些看法让周先生很是不解，并多次想做通妻子的思想工作，但没成功。

有一次，妻子在给他洗衣服时，发现了一根长头发。吃过晚饭，妻子脸色难看地开始盘问他："你最近都去哪了？和谁在一起？"她那较真儿的样子，倒是把周先生吓了一跳，说："我没去哪，为公司组织活动了。"妻子紧接着问："你身上怎么会有长发？你作何解释？"周先生愣了一下，回想起一天前和几名同事跳过舞，就赶忙解释说："那可能是跳舞时不经意掉在身上的。"妻子没再说什么，但从此以后，每天晚上，周先生回家，妻子不是仔细地看他的衣服，就是用鼻子闻，看是否有香水味。对此，周先生十分恼火。时间长了，同事们知道此事后，给了他一个绰号"妻管严"。

事业蒸蒸日上的周先生，总觉得在同事面前抬不起头，特别没面子，感觉压力特别大，于是，向妻子提出离婚，但妻子不同意，觉得自己没什么过错。周先生实在没办法，就与妻子分居了。

原本应该是美满的婚姻，却因为妻子的猜疑而让他们的婚姻如履薄冰，并且让周先生在忍受不了的情况下选择了与妻子离婚。我们都知道，两个人原本是因为信任、因为相爱才走到一起，组建了一个属于自己的家庭，为什么就要因为相互的猜忌而毁掉原本幸福的家庭呢？面对婚姻中夫妻间的相互猜疑，我们可以尝试着用以下的方法去克服猜疑的心理。

1. 尝试着沟通

在婚姻生活中，夫妻之间应该常常进行沟通，向对方敞开自己的心扉，而自我表述是一种简单的敞开心扉的方式。在夫妻感到自己心有不安的时候，应该用平静的语气将自己内心的不安向对方表达出来，然后与自己的爱人进行沟通，那样才有机会解开心中的猜疑，再次建立夫妻间的信任。

2. 尝试着给对方信心

夫妻间的猜疑，很大一部分原因是因为不自信。特别是当夫妻双方在社会地位或者经济地位有差距，抑或是一方的工作或生活发生变化时，另一方感受不到被爱，或感受到被冷落，这样就容易形成猜疑之心，因此，夫妻双方要懂得共同勉励，经常给对方信心。

3. 经营婚姻

在婚姻生活中，夫妻双方应该懂得去经营自己的婚姻。婚姻的经营主要是在一颗心，夫妻要用心去经营自己的婚姻，学会理解包容对方，学会去偶尔的制造一点浪漫，重温一下恋爱时的感觉，这样会使婚姻中的两个人不因为生活得平淡而产生疲倦的心理，爱情也会随之升温。

心灵花园

婚姻需要两个人相互的经营，需要彼此的相互理解与包容，也需要两个人的适时的沟通。不要让猜疑毁掉自己原本幸福的家庭，也不要让猜疑的种子在婚姻的土地上悄悄地滋生。

8. 习惯不同并不是婚姻破碎的理由

每个人都有自己不同的习惯，也有自己不同的爱好，夫妻也一样。在婚姻生活中可能我们会因为习惯的不同而产生摩擦，但是习惯不同并不是我们婚姻破碎的理由，只要相爱，就没有什么包容不了，不同的习惯也一样。

习惯，有时候是个很神奇的东西，它可能会让两个原本陌生的人变得熟悉并且亲密，也有可能会让两个原本亲密的人变得疏离，最后走向陌生。比如，在爱情的世界里，可能原本两个陌生的人，因为喜欢同一本书，在同一个书店相遇，然后相知相爱；也可能原本两个因为爱情结合的夫妻，在婚姻生活中可能因为习惯的不同，而相互产生重重的矛盾，最后迫不得已只能离开彼此，让婚姻走向终点。

可能在我们的婚姻生活中，开始的时候，彼此都有看不惯对方某些习惯的时候，然后会向对方埋怨，发牢骚，甚至发生争吵。其实，一个人的习惯，很多时候都是很难改变的，所以想要在婚姻的生活中改变对方的习惯也不是一件容易的事情。既然无法改变，我们就要一直让因习惯的不同而发生的争吵影响我们的生活，影响我们的感情以至婚姻吗？不，我们还有别的办法，那就是试着去适应彼此的习惯，懂得包容彼此的不同。

有人说，"爱情是一个人对另一个人习惯的认同。"那么，婚姻应该更是一个人对另一个人的习惯的认同。如果夫妻之间，能够习惯对方的习惯，包容对方的不同，我们也就不会因为习惯的问题而影响到我们的婚姻、我们的幸福。

蔡红和赵凯林是一对感情很好的夫妻，在一起风风雨雨几十年，至今还是感情依旧。在喝粥时，蔡红喜欢有咸鸭蛋，但只吃黄黄的香香的蛋黄，剩下咸咸的涩涩的蛋青不吃，桌上经常看到一瓣瓣没有蛋黄的剩鸭蛋。赵凯林不舍得扔掉，就把蛋青当菜吃了。

蔡红不吃葱，就是闻到葱味也想吐。而赵凯林从小就喜欢一手拿个馒头，一手攥一棵大葱，吃一口馒头，咬一口大葱，那滋味辣辣的甜甜的，特别的爽。可是，自从和蔡红结婚以后，厨房里就没有了北方大葱和南方小葱的踪影。

有一次，赵凯林和蔡红外出旅游。每餐饭蔡红都叮嘱服务员，不要在菜里放葱。赵凯林在旁边说，那怎么能行呢，饭桌上还有其他团友要吃。赵凯林叫服务员下一碗不放葱的面条。谁知，面条端上来后，碗里还是有葱。可能师傅做菜习惯了，顺手就放了葱。赵凯林用筷子一点一点将葱花夹到自己碗里吃了。

蔡红喜欢吃泡菜，每餐饭都离不开。于是，赵凯林买了一个泡菜坛子，向一位湖南朋友请教后学会了做泡菜。赵凯林三天两头从菜场买回豆角、黄瓜、萝卜，洗干净晾干，然后放进泡菜坛里。家里一年四季，都有泡菜吃。赵凯林和蔡红去外地时，赵凯林总要装一瓶泡菜给蔡红下饭。

蔡红还有个吃西瓜皮的习惯。一般人，吃过瓜瓤之后，都将西瓜皮丢了，可他们每次吃完西瓜，蔡红都让赵凯林将西瓜的青皮削掉，切成小条，用盐腌几个小时，然后拿出来和辣椒一起清炒。蔡红说，这样的西瓜皮吃起来特别脆，特别可口。

蔡红最不情愿干的一件家务是洗碗，一摸到油腻的盘子、黏糊糊的碗，她就觉得不舒服。蔡红不洗碗，赵凯林就洗，要不，下顿饭就没有干净碗用了。赵凯林不管下班多么晚，回到家总能看到水池里有一堆碗筷。一次赵凯林出差一个星期回来后，竟看到水池里一摞没洗的碗里长毛了，但是他从没有怨言，因为他爱蔡红，所以包容她的一切，也在婚姻生活中陪着她走过风风雨雨。

可能我们会说，故事中的赵凯林应该很辛苦，为了习惯自己妻子的习惯，放弃了自己的一些喜好。但是婚姻何尝不是这样，需要的是包容与理解。可能在生活中，赵凯林包容自己的妻子，但是对他的一些别的习惯，蔡红也能包容赵凯林。例如睡觉的时候包容他的打鼾，在每天的清晨包容他的抽烟……

习惯一个人的习惯，包容一个人的缺点，理解一个人的难处与辛苦，这就是爱，这就是真正的相濡以沫的夫妻。在我们的婚姻中如果能够适应对方的习惯，也就减少了很多因为一些小事而产生的矛盾与误会，我们的婚姻也会更幸福，爱情也会更长久。让我们习惯彼此的习惯，不要让习惯不同成为婚姻破碎的理由。

心灵花园

爱一个人，就是爱那个人的一切，爱他的优点，爱他的缺点，还有爱他的习惯，所以，习惯不同从来都不是婚姻破碎的理由。如果我们还有爱情，还对婚姻怀抱有希望，就不要让习惯不同成为婚姻破碎的理由。

9. 每天给对方一个幸福的理由

幸福其实一直离我们很近，只要我们愿意去寻找，就能找到。婚姻中的幸福也一样，只要我们愿意去寻找，愿意给对方一个幸福的理由，幸福就离我们很近，并且我们的爱情也就不会因为婚姻而走入低谷。

有人说，有时候我们不是不幸福，只是我们的幸福缺少了一个理由。的确，在这个世界上，很多事情都似乎需要有一个理由，不管这个理由是否正当，也不管这个理由是否合适，是否说得通，只要是理由，只要那个事情有一个说法，那么一切就可以继续。爱情也一样，一对恋人恋爱的开始，不管是女追男还是男追女，但总要有一个追求的理由，要么一见钟情，要么为他心动，但不管怎样，只要能说服对方，也就意味着追求能够成功。其实，婚姻也一样，很多时候一段婚姻的维持，不仅仅靠彼此的责任或是彼此之间的爱恋，有时候也需要一些让对方感到幸福的理由，而这些让彼此幸福的理由也往往在婚姻的生活中起到了异常重要的作用。

　　有一对恋人，男的向女的求婚，但是那个男的可谓是一无所有。他问那个女的想要什么，在女的的心中，钻戒、房子、车子，她都想要，可是她知道，这些东西他能许她的都是空头支票。她不想要空头支票，于是就说，每天给她一个幸福的理由。

　　婚后的日子，男的信守着他的承诺，每天给她一个幸福的理由。她告诉他，她幸福的底线很低，只要男的每天做的事情中有一件是特意为她做的就好。比如说，那杯冲给她的果汁，回家路上为她买的水果。她喜欢喝豆浆，他会在某一天早早地起床，熬好豆浆放在桌上，炒个她喜欢的菜，然后对她说："老婆，你尝尝这个，专门为你练的手艺哦！"

　　虽然她每天心里都有小小的感动，不过琐碎拮据的日子总是令人心烦气燥的。他们第一次吵架，起因是她母亲生日。她想封一个大大的红包给母亲，有对母亲的感恩之心，也有在亲戚们面前挣面子之心。只是当时他们手头并不宽裕，他试探地说把红包减半，她一下子心头火起。那次，她说了很多伤他自尊的话，没本事啊，窝囊废啊。他气呼呼地摔门而去后，她才惊觉自己刻薄入骨，想叫他回家，他却关了机。很晚了他才回家，拿了枕头睡到床的另一头去。她很想开口诘问他今天给了她什么幸福的理由，骄傲却让她保持着沉默。静谧中，脚底传来暖意，他把她冰冷的脚捂进了他的怀里，他没有忘记每天给她一个幸福理由的承诺。

一般夫妻，隔三岔五便会吵架呕气，他们也一样。但是有时候正吵着架的时候，男的会突然停下来跑去倒一杯牛奶递给她，让她润润嗓子，然后女的哭笑不得地看着他，他却眉毛一扬说，为这一杯牛奶幸福吧，有哪个丈夫会给正骂人的妻子倒牛奶啊？但是他却能在妻子气得双脚乱跳的时候还要找一个让她幸福的理由。

后来，日子慢慢地好起来。男的升了职，一天天地忙起来。只是再忙，他都不会忘了给她一个拥抱、一个轻吻，或是一条温馨的短信。他很多时候都会说："老婆，我现在很忙，没有太多的精力为你做什么事，但我绝对不是在敷衍你……"她知道他不是在敷衍她，他真的很忙，可是他再忙，一天里总有一个时间是想着她的，想着要让她开心一下，幸福一下。不管日子过得怎么样，他们一直很幸福，他们的爱情也一直很灿烂，没有被繁琐生活埋葬掉。

看了这个故事，我们可能会有点动容，我们会为故事中的男人的细心以及对他妻子的好而感动，当然也会羡慕故事中的那个女人，有福气找到了这样好的丈夫。一个男人就算是没有钻石、车子和房，可是每天都愿意花一些时间去想着自己的妻子，想着做一件事让自己的妻子感到幸福，即使不是什么浪漫的事，但是这满满的理由何尝不是幸福？

可能在婚后的生活中，我们会失去恋爱时的那种激情，也可能会对彼此产生麻木的心理。也可能看着我们曾经爱着的那个人，怎么也不愿意相信，曾经那么英俊那么上进的男人，怎么现在会变得如此的邋遢与懒散；曾经那么淑女那么漂亮的一张脸，怎么现在变得如此的泼辣，如此的世俗；在平凡无奇的琐碎生活中，爱情似乎没有了，当初的山盟海誓以及甜言蜜语也忘记了，并且有的人慢慢地思索着离婚，在婚姻生活中受尽苦楚。婚姻真的是这样吗？

故事中的一对恋人，在他们的爱情走进婚姻的殿堂以后，虽然他们有时候有吵闹，但是他们的爱情没有遗失。这并不是说他们比我们每一对恋人的感情都要好，要爱得深，只是他们为自己的婚姻加了一个保鲜套，那就是他们知道，每天都应该给对方一个幸福的理由。不管是生气闹别扭，还是工作繁忙，不管是生活拮据，还是富有，他们都不忘记给对方一个幸福的理由，那个理由有时候很小，但是他们却能在那个理由中找到温暖，找到幸福的味道。所以，他们的爱情没有被婚姻埋葬，而是在婚姻的土壤上生长的更加的稳固与健康。

心灵花园

不管何时，都给婚姻一个维系的理由，也给对方一个幸福的理由，让彼此尝到幸福的味道。那么，我们的爱情也就能回到当初的浪漫，我们也会在彼此的理由中找到当初的温暖和悸动。

10. 婚姻承担的不仅是责任，更是爱情

很多时候，我们都认为，步入了婚姻的殿堂，就是夫妻双方承担起了一份责任。但是有时候，婚姻承担的往往不仅仅是一份责任，更多的则是彼此的爱情，可是很多人都会忽略掉，所以在婚姻中将爱情遗失了。

有人说，婚姻就是一份责任，从我们手牵着手走过婚姻的殿堂的时候就已经开始，当我们拉着对方的手，交换过结婚戒指的时候，当我们在众人面前望着彼此的眼睛，说着"我愿意"的时候，我们的爱情就已经变成了一份责任，并且从那刻起那份责任，就已经牢牢地压在了我

们的肩上，让我们想逃也逃不掉。从此以后，婚姻承担的就是责任，而不再是爱情，是生活中的柴米油盐，是琐碎日子里的平平淡淡，抑或是平凡生活中的吵吵闹闹；而不再是捧着玫瑰花看着情书的浪漫，也不再是为了约会而费时久久的精心打扮，更不是为了看一次日出的一整夜的彼此相伴。

但是我们有没有想过，如果单单是为了责任，我们会在婚礼的殿堂上那么执著地握着彼此的手，那么郑重地交换婚戒并且深深地凝望吗？如果单单只是为了责任，我们还会在众人的面前许下一生的承诺，相言彼此不离不弃吗？所以说，婚姻承担的不仅仅是那份责任，而更多的是彼此的那份珍贵的爱情。

一天早晨，有一对年轻的夫妇走进了一家医院，男人个子很高，眉宇间流露出一股气定神闲的表情；女人有些清瘦，脸上洋溢着一丝温暖而满足的幸福，两个人手挽着手，不时地窃窃私语，给人的感觉像是一对很恩爱的夫妻。

他们五年前结的婚，两年前开始计划着要个孩子，可不知为何总也怀不上。医生问了问他们的身体状况以及日常的生活规律，开了张单子让男人去做化验，同时给那女人简单地检查了一下，然后给她开了张B超单，并告诉他们明天来看结果。

第二天下午快到下班的时候，那男人来了。他迟疑了一下，然后默默地坐到了椅子上，十指不安地绕动着。

"医生，我们还能有孩子吗？"

"化验的结果显示，你是正常的，问题出在你爱人身上。"

"我只想知道，我们还有怀上孩子的可能吗？"男人探起上身，惶恐地望着医生。

医生说："由于你爱人的病症是先天性的，因此怀孕的可能性很小，你要有思想准备。"

医生的话还没说完，那男人就跌回到椅子上，脸上的痛苦表情清晰可见。

正当医生想要搜肠刮肚地安慰他几句的时候，他又一次探起身，猛地抓住医生的手："大姐，求您点事儿，帮帮我好吗？"医生本能地想抽回手，惊恐地望着他。

"对不起，大姐，我有点激动。"那男人松开了医生的手，两手在口袋里翻找着，像是在找烟。

医生看了他一眼，他似乎意识到了什么，然后抱歉地笑了笑，双手又搅到了一起。

"大姐，不瞒您说，我和我爱人是大学同学，五年前她放弃了城市的生活随我来到这里，那时我们是真正意义上的一无所有……"

那男人喃喃地说着，像是对医生，又像是在自言自语。

"请您在诊断书上写上是由于我的原因怀不上孩子，行吗？我求您了！"那男人一脸期待地望着医生。

医生愕然，愣愣地看着他。

"我爱人跟了我九年，她把一生中最好的时光都给了我，我不希望她的下半生在自责中度过，而且我真的很爱她，我不想让她难过……"

男人哽咽了，把头扭向一边。

医生默默无语，当她在那男人的名字后面写下了"少精症"几个字时，眼里涌出泪来，因为那一刻，她突然读懂了爱情。

故事中的男人在婚姻中承担的不仅仅是一份对家庭，对爱人的责任，更多的是他们那份来之不易的爱情，以及自己对妻子深深的爱恋。所以，在知道自己妻子的病情的时候，他隐瞒了真相，为了不让自己的妻子自责，他选择了独自承担，那绝对不仅仅是对他们的婚姻的一种责任的承担，而更多的是对彼此的爱情的承担。

其实，在婚姻的殿堂里面，爱情并没有被葬送，爱情也并没有被磨灭，而是婚姻给了爱情继续生长的土壤，给了爱情生长的环境。如果，在我们步入婚姻的殿堂以后，还记得在恋爱的时候的彼此相知相爱，还记得当初在众人面前许下的诺言，还记得在婚礼殿堂上的彼此紧握的双手，一直记得彼此的好，一直记得双方的爱恋，并且能够相互理解彼此，体谅彼此，能够做到相互包容，那么，在婚姻生活中，我们的爱情就不会埋没。

让我们的婚姻承担的不仅仅是责任，而是彼此的爱情，那么，我们的婚姻也就不会再是爱情的坟墓，而是爱情的唯一最美好的归宿，并且能够让彼此的爱情更加绚烂更加牢固。

心灵花园

婚姻并不是爱情的坟墓，婚姻承担的也不仅仅是对彼此的一份责任，而更多的则是相互守护的那份爱情。即使婚后的生活平淡，即使婚后的生活更多的是为了生活的奔波，也不要被婚姻的表象所迷惑，以为那不是爱情。

卷四：呵护爱情——细节中传递彼此的爱